用行銷
改變世界

BUSINESS INSIGHT
of
MARKETING
CAMPAIGNS

品牌力背後
觸動人心的商業洞察

商業洞察
Motive
Business & Creative

許子謙、米卡 合著

motive

動機‧刺激‧發動力

藉由本書，希望讓每個人都更懂行銷

目次

3

行銷跟詐欺，常常僅有一線之隔

在行銷操作上，講述商品的賣點沒有錯，但我們更需要的是「具備」讓消費者感同身受的情境。

4

從舊數位到新數位

社群媒體，是品牌和消費者溝通最好的工具。但我們應該想的是：如何與他們建立更深的連結，他們才可能對品牌產生下一步的行為。

5

消費者喜歡怎樣的品牌？

在許多時候，消費者與品牌的關係不是依附在「使用」產品所帶來的利益；而是這個品牌對我有什麼價值。

自序
Preface

從事行銷工作可以讓你保持年輕！如果沒有呈現在外表上，那也會在心裡頭。

因為科技變化得很快，新體驗、新平臺、新技術不斷湧現也不斷淘汰，我們必須不斷學習，不斷打破傳統，不斷接觸比自己更年輕的人，才能持續保有競爭力。我很難想像有哪個行業能像數位廣告，可持續帶來將近二十年的衝擊與熱情，而且工作中總是離不開最新、最流行的議題。

只不過於本書開始之前，我想先說一件非常私人的事。也就是：其實，我並不是那麼喜歡廣告。

雖然我擔任廣告獎的評審，也出版了這本書，目前也擁有三家相關企業的股權（算是賴此維生）。但我喜歡的廣告與行銷，終究不是「能幫客戶賣掉更多的東西」，而是「該怎麼幫企業解決問題」以及「如何透過創意，讓消費者愛上品牌」。

我想應該沒有人喜歡被「推銷」吧？例如每隔幾天就打來問你有無資金需求的行銷電話，好久不見的朋友約喝咖啡，卻默默聊起被動收入（直銷／投資），或是某大嬸貪圖妳的美貌，自顧自的聊起某位年紀跟妳差不多、收入不錯、孝順父母、有房又有車的異性……白眼都默默翻了三圈。

面對品牌／商品時，我們嚮往的永遠是「自由戀愛」。我之所以喜歡，是因為它真的很美、質感很棒、搭我的氣質、符合我的身分、帶給我感官上的愉悅，或是為了提昇工作效率，提高生活品質而買下它。而且更重要的

是，我負擔得起，也盡可能的「對得起地球」。

　　不管是失心瘋還是理性思考，我們因自由意志而愛上某物、選上某物，而且對方也跟我匹配，符合所需，互相瞭解，那才是真正快樂，可以長久在一起的自由戀愛。

　　只不過，事與願違。

　　在現實裡頭的行銷任務總是為了提昇業績，因此，比起自由戀愛：慢慢的讓消費者愛上品牌，你被迫得開始進行「說服與銷售」，做出連自己都不想看，想按下跳過或關閉的廣告，或是被迫運用自身的才華，包裝花言巧語跟視覺技巧去煽動消費者的心智，把只能對嘴唱歌的偶像藝人包裝成實力派，編出一些品牌故事、隱惡揚善、避重就輕，讓消費者買下許多根本不需要，或實際上並沒有那麼棒的東西。我覺得，這多少有點罪惡。

　　撰寫本書的初衷，是希望每個人，不管賣方或買方，都能在數位行銷的世界中「自由戀愛」，從創意到技術等領域的種種洞察，幫助我們更瞭解社群世代的消費者跟那些厲害的品牌，並透過許多「就算歷經時代變遷與科技進步」仍可適用於今的行銷案例與思維，去打造更受歡迎的，真正的自己。

　　由於這本書同時著重在邏輯思考與心理因素，在行銷職場以外也可能對你有所幫助。很適合閒暇之餘，或通勤、失眠、提案、蹲廁所的空檔，隨手翻閱幾個精彩的案例。當然，如果以它尺寸跟厚度而言，也非常適合拿來墊著你剛熱好的午餐（如果你沒有潔癖或收藏書本的完美主義，我其實也不介意啦）。

桑河數位暨 Motive 商業洞察創辦人

許子謙 Johs（許叔叔）

前言
Introduction

你相信嗎，我家有人不會使用電視機？！

應該說「不是不會使用電視，而是只會看『傳統的』電視」。因為現在的電視機變得「太有智慧」，常常不小心在碰到某個按鈕之後，就迷失在充滿雜訊的畫面之中不知所措，然後只好裝無辜的隔空大喊「怎麼電視又不能看了？」

原本只要會開關機、選臺、調整大小聲，就可以窩在沙發裡，完全由你掌控的看一百多台電視節目的行為。因為進入數位時代之後，各種訊號來源，又是第四台、又是 MOD、還有 Apple TV、或是可安裝 YouTube、Netflix、Spotify 等 App 的 Android TV、再加上鏡射 Mirror……的功能，隨便一個像樣的電視遙控器，連同數字鍵在內就有超過五十個按鈕，這還不包括不同訊號來源各有一個遙控器。你說，要一個習慣傳統電視操控方式的人，一下子學會面對數位化，是不是有難度！

到了數位時代，如果連簡單的看個電視都變得如此複雜，更何況專業的行銷！

沒錯，我就是要你感受到「不管你喜不喜歡，數位時代的品牌行銷就這麼悄悄地逼迫你前進，你想要廢不理它，那麼偷懶的代價可能就只能眼巴巴看著時代的車尾燈，棄你而去。」更糟的是，它還沒打算穩定下來，還在不安份地持續變形中。

還好，這世上有許多好案例。

那些勇敢嘗試、摸著石頭過河的品牌，做為先驅者，不斷試驗出迎合這個時代的新方法，幫我們開出了一條路，不學？多可惜！

在這本書中，我們精挑細選了來自全球各地不下上百個案例，可以算

是打包了這些年 Johs（本書的另一位作者）與我想跟大家分享的內容。一共五個章節，分別是：

第一章：消費者已經與你想的不同；
第二章：數位時代，品牌要這樣說；
第三章：行銷跟詐欺，僅有一線之隔；
第四章：從舊數位到新數位；
第五章：消費者喜歡怎樣的品牌。

眼尖的讀者，應該已經看出了我們想「把消費者擺中間」的企圖。原因是，因為網路、科技、生活習慣，造成消費者行為跟上個世紀有了巨大的改變，如果不弄懂「為什麼」，在面對不斷冒出頭（同時也不斷消失中）的新科技，品牌只會「什麼最熱門，就做什麼」的自亂陣腳，做一堆錯誤的選擇。如果你沒有那些大品牌可以不斷「試錯」的本錢，最好還是先摸清你消費者的底，比較實在。

我們想強調的是觀念，而不是技法。

舉一個例子：你一定知道《米其林指南》這本由賣輪胎的品牌所推出的書籍吧，它不但持續更新了一百年，成為饕客心中的美食聖經，還是公認的「內容行銷」祖師爺。如果你把米其林指南拆解開來，就會發現它「運用自媒體（指南書）、產出顧客想要的價值（美食評比內容）、持續更新（年鑑）」的特點，這不就是這幾年成為行銷主流、典型的內容行銷嗎？照理說，這麼成功的行銷模式，應當在上個世紀就成為所有品牌模仿的典範，但為什麼找不出第二個？一直要到這幾年，內容行銷才又復興了起來，Why？（如果你對這個話題有興趣，你可以從書中找到一些蛛絲馬跡，或是我們可以好好聊聊）。

看這本書你可以很輕鬆，選擇你喜歡的姿勢、章節，跳著看，或是選一個你熟悉的品牌或品類，對照臺灣與這些書中的品牌在作法上有哪些差別，思考一下是什麼跟過去不一樣的觀念、又是什麼洞察發現讓他們這樣做？這就是這本書想要帶給讀者的價值。

希望，這本書與我們，能帶給你一些啟示！

米卡

## CHAPTER ONE

消費者，
已經與你想的不同

> "
> 對消費者來說，我不感興趣的資訊，是干擾；
> 對的資訊在錯誤的時間出現，也是一種干擾。
> "

還記得小時候的童話故事《三隻小豬》嗎？

　　從前從前森林裡住了三隻小豬，長大後，這三兄弟要幫自己蓋房子，以避免自己被大野狼吃掉。豬大哥最懶惰，隨便築了茅草屋。當大野狼來時，牠只花了一口氣就把草屋吹翻了；豬二哥心想，既然茅草屋不行，蓋間木造的房屋總足夠抵擋了吧！卻也被大野狼用了兩口氣便吹壞了；只有豬小弟，牠用心地築了磚瓦屋。最後這三隻小豬都躲在堅固的磚瓦屋裡避難，才使得大野狼無可奈何地離開。

　　2012 年英國《衛報》將大家耳熟能詳的三隻小豬寓言故事，改編成符合數位時代發展的影片，作為自家品牌形象的廣告：

- 影片一開始，報紙頭條刊載著：〈大野狼遭三隻小豬活煮〉（Big Bad Wolf boiled alive）。起因於大野狼侵入第三間小豬民宅時，三隻小豬們為了保命，合心奮力擒住大野狼，並把牠丟進大水缸裡活活煮熟。

- 新聞曝光後，網路上網友正反意見交鋒。有人認為大野狼已經吹倒兩家房屋，活該被煮；有人認為狼也該有「狼權」，無論如何，三隻小豬不得未審先判、動用私刑。

- 爾後司法機關也開始著手檢視「財產保護法」是否需要修改⋯⋯。

- 隨著越來越多的消息揭露，有人發現「曝光後的監視器畫面裡，大野狼疑似有氣喘病！」這引發網友們的挑戰精神，推測以疑似有氣喘的大野狼，其肺活量應不足以吹倒房子！甚至媒體也開始分析報導，即使是身體健康的野狼也無法輕易吹倒茅草屋或木造的房子。會不會大野狼才是真正的受害者？案情一定不單純。

- 真相急轉直下：法院判決，三隻小豬是因為繳不出房貸才鋌而走險，利用大眾對童話故事大野狼吹倒三隻小豬房子的偏見，誣陷大野狼，企圖詐領保險金。

- 這個事件到最後，踩到社會大眾的共同痛點：「因經濟蕭條，繳不出房貸」。此議題挑動群眾的敏感神經，認為這是錯誤政策殺人。事件發展至此，從原本大野狼私闖民宅的單一事件，卻演變成了群眾群起抗議政府無能⋯⋯。

　　這則影片在短短的幾分鐘內，就把數位時代的好幾個現象，描述地淋漓盡致：只看片面資訊，也不管真相是什麼，就選擇自以為對的「事實」而做出反應；任何議題都可以找到支持或反對的理由；或者抓住事件中的某一論述點，便開始無限上綱⋯⋯。

▲《衛報》三隻小豬影片。

　　《衛報》以很不廣告的品牌廣告來因應，以「看見事件的全貌」為主軸，將專屬於這個時代，網友們特有的行為，做出完整地詮釋，讓即使是不同國家，身處在臺灣的我們，也會覺得這支影片的故事發展模式十分熟悉。

類似的劇本，在臺灣也同樣上演著

　　2016 年相機大廠 Nikon 的臺灣代理商國祥貿易，與網路論壇巨頭 mobile01，兩造都是一方之霸。因為國祥覺得 mobile01 對自家相機的評測不公，且長期偏袒他牌相機；而 mobile01 則認為，廠商的手不能伸進媒體，尊嚴不容踐踏。雙方就在自家媒體上互相指責對方，看似各自有理，而引發網友論戰。

　　事件起因於國祥在自家官方 Facebook 上寫到：「為什麼 mobile01 看不到 D5 & D500 的評測？（作者注：

D5 & D500 為 Nikon 相機型號）其實 Nikon 並未接獲 mobile01 需借測的訊息。」等不到 mobie01 的秋波，便決定自己來做，公開召募素人用戶撰寫 Nikon 相機的評測文章。這原本是品牌自己的事，卻「意外」揭開一場第三方評測單位與品牌之間的內幕。

因為國祥這一番說詞，mobile01 不甘挨廠商的悶棍，也直接在自家媒體上，由「吉姆林」帳號刊登了一篇「合作與否是廠商的自由，但媒體尊嚴不容踐踏！」[1] 文章，「義正詞嚴」的反擊此事。內文不但解釋了「為什麼自 2016 年 1 月後便再也沒有報導過 Nikon 任何產品」的來龍去脈，還公開附上雙方往來的內部信件，請網友公評「到底是誰先負了誰？」

根據此討論串中 mobile01 的說法：因國祥主觀認定 mobile01 的產品評測文偏袒它的競爭者 Canon；而吉姆林於文中也強硬答辯：「編輯部在 mobile01 內是完全獨立的部門，不會受到廣告廠商的壓力而影響測試內容。」文末還寫下：「合作與否是廠商的自由，但媒體尊嚴不容踐踏！」的狠話之後，任由看熱鬧的鄉民，在兩天內將討論串熱吵了超過一千一百多則。

想當然爾，在這長長的討論串中，有網友看好戲的跟著 mobile01 大罵國祥貿易不夠大氣，但也有網友看不慣編輯的行為，竟然將內部文件公開，破壞合作誠信，更有網友扮起柯南，把該作者過去寫過的文章，將 Nikon 跟 Canon 不中立的用詞 [2] 拿來逐一比較一番，試圖證明國祥貿易的顧慮並非空穴來風。

如何，以上情節是否與《衛報》的三隻小豬影片很類似？這種「隨著事件發展，有人支持、有人反對、更有人挖出別人沒發掘的真相，最後變成大眾關注，甚至改變規則」的現象，不管你喜不喜歡，這就是品牌在 21 世紀所面臨的處境。

請想像一下，如果我們把同樣的事件放在西元二千年以前，絕對不會這樣發展。因為當年少了社群媒體、可以不透過大眾媒體便能使品牌發聲的「自媒體」（Owned Media）、以及好事的網友攪局；mobile01 與國祥貿易的事件，只會演變成廠商與媒體兩造當事人，頂多就是個私下相互抱怨，驚動高層出面協調，最後平和落幕，成為相機圈中流傳的「鄉野傳奇」戲碼。就算一方不吐不快，想要訴諸大眾公評，也得大費周章辦場記者會才行；即使記者會辦了，那也還得看記者朋友捧不捧場、對這議題感不感興趣來決定曝光。這樣的改變，正是舊時代與數位時代最大的差異之一。

# #

當所有人都察覺到消費者行為已經改變了，
如果品牌不懂得如何因應，
被淘汰！只是剛好而已。

舊思維品牌 vs. 數位時代品牌

用科技實現四十年前的夢想，Google Re:brief 中的可口可樂

最好說明「舊思維品牌 vs. 數位時代品牌」差別的方法，就是「同一個產品，用不同的行銷方式來呈現，會產出什麼結果？」，這個有趣的命題，通常沒什麼機會被驗證。但 Google 在 2011 年底成立了專案 "Re:Brief"[3]，剛好有機會讓大家一探「同一商品、相同概念，在傳統行銷 vs. 數位行銷的差別」。

Google 利用新的技術與科技，在相同溝通目的之前提下，重新解構、詮釋六、七〇年代的美國經典廣告。這系列一共有四個品牌：Coca Cola、Volvo、Alka-Seltzer 以及 Avis。在概念上，Google 想要讓過去的經典，從原本的電視或是平面廣告，只能單向的對消費者溝通的方式呈現，轉換為加上**網路互動**的特性後，利用諸如社群媒體、手機、網路等數位時代的新科技，依循當年廣告需求的目的，也就是我們俗稱的 Brief ——重新詮釋，企圖讓經典再現。

Hilltop 這部影片的主題是可口可樂在 1971 年所拍攝的廣告[4]。當時可口可樂想傳遞：「讓世人知道可口可樂不但在全世界暢銷，同時也讓你我之間的關係更熱絡。」在這個 Brief 之下，當年的創意總監比爾•貝克（Bill Backer）在機場等候班機的空檔時，在餐巾紙上寫下了「我要請全世界喝一瓶可樂」（I'd Like To Buy The World A Coke）的經典廣告詞（Slogan），再根據這句話發展出舉世聞名的可口可樂廣告歌。

在廣告影片中，來自世界各地的各色人種，拿著當地包裝的 Coca Cola，齊聚在義大利的山坡上高歌。只是「請世界喝可樂」的概念，礙於技術發展之故，在四十年前僅能停留在口號，讓觀眾看著電視機自行想像「有人想請我喝可樂」的畫面。

▲ 利用科技，重新詮釋「請世界喝可樂」。

到了 21 世紀的今天，Google 找了當年參與創意發展的藝術總監哈維‧加博爾（Harvey Gabor），與 Google 的小組共同合作，透過科技與網路，讓你請世界各地的陌生人喝可樂的這個夢想得以實現。這個理念是這樣運作的：

當你透過電腦、平板或是手機網頁上觀看這部四十年前的經典廣告，在廣告下方會出現一則 Google 橫幅廣告（banner），詢問你：「要送某人一瓶可樂嗎？」在點擊此橫幅廣告後便會跳出一個世界地圖，你只要在地圖上選擇位在紐約、東京、或是布宜諾斯艾利斯等地，任何一處有放置經過改裝過的可口可樂自動販賣機，填上你想要給對方的訊息或是錄一段影像，例如：你想要送給位在紐約的某人「享受這瓶可樂」，系統甚至會幫你自動翻譯成英文「enjoy the Coke」，讓你完全不用擔心對方看不懂。

按下送出後，可口可樂就會演示一段「將你的祝福，從你的所在地飛到指定地點自動販賣機」的動畫。當自動販賣機感應到有人從機器前經過時，就會發出提示告訴那個人：「嘿！有人要送你一瓶可樂。」當對方看到販賣機的訊息並點擊後，便可得到一瓶免費的可樂，並且還能立即透過販賣機用文字或是影像，回覆對你的感謝。同樣地，對方也不用擔心語言問題，Google 會自動替他想說的話，翻譯成你的語言。

可口可樂將相同產品的同一概念，經過重新詮釋的例子後再前後對照，就是很典型的舊思維品牌與數位時代品牌的差別。

品牌與消費者的數位落差

如果我們用 Re:Brief 專案中的可口可樂案例，檢視臺灣品牌是否隨著時代演進而轉化思維，不難發現許多品牌的行銷作為和策略，與品牌消費者間的數位落差，實在大得驚人！

就以太陽花學運世代為例，如果我們將它看成一場行銷活動，當許多臺灣品牌，甚至跨國大品牌的臺灣分公司，都還在用上個世紀的觀念：以硬銷售（Hard Sell）的電視廣告轟炸消費者，以為在行銷組合中加個網路廣告、活動網站、RWD 網站[5]；或是自以為跟上潮流的弄個粉絲團，呼喚「各位大大早」的作為，便可收買人心的同時，這群學生卻用「iPad+ 拖鞋 +Ustream[6]」取代 SNG 車，用 Google Hangout[7] 讓正反兩方意見在網路上充分表達，還接受網友提問、製作懶人包分享於線上簡報與文件網站 SlideShare，讓全國民眾用最短的時間瞭解「政府花了大半年也說不清楚」的複雜服貿條文。再透過

募資網站 FlyingV，破紀錄的在半天內募集六百三十萬元購買《紐約時報》國際版全版廣告，向全世界發聲……等等實際行動，彷彿是年輕人在向上一輩的老摳摳展現什麼叫做「數位時代的力量」。

幫大家快速彙整這次太陽花學運用到的工具：

- iPad+ Ustream 取代 SNG 第一時間轉播。
- Skywatch 直播系統。
- Google Hangout：由新聞網站「關鍵評論網」（The News Lens），而不是任何一家主流電視媒體，邀請官方、立委學生代表等兩派意見表達及接受網友提問。
- 透過 Hackpad[8]、Google Docs、g0v 零時政府[9]，收集資訊，文字轉播，物資募集。
- 設立網站：國會無雙／百人太陽花／ 4am tw ／服貿東西軍／自己的服貿自己審。
- 群眾募資：Flying V ／ democracy.tw。

以上情節，如果少了現代的科技，寬頻網路、社群媒體、人手一支的智慧型手機，這股力量也不會發生。

對八年級（90 後）以後的消費者來說，適應數位環境就像「呼吸」一樣的自然，不需要特別學習；這也不是他們刻意而為，而是整個生態形塑而成的。但對現在仍掌管品牌的五、六年級生來說，這些與過去不一樣的消費者行為，已經由不得你想不想理解或學習，而是你**不得不得關注**。

在本章節的第一個段落，我們想談的重點就是：在數位時代科技與網路的帶動下，消費者行為的三個改變：

挑戰、協作、主導。

而這三個改變，對於品牌行銷的意義是什麼？又該如何因應？如何發展行銷策略？

挑戰

消費者的第一個改變是:「挑戰」。

儘管 Sony 廣告臺詞中說到:「我的相機,散景好美麗,夜拍更精彩。」可網友就是有本事抓包。在 mobilc01 上踢爆 Sony 的 TX9/WX5 相機的廣宣照片 [10],不是用 Sony 的相機拍攝,而是使用了競爭品牌 Canon EOS 5D 高階單眼相機拍的。這就是最典型的挑戰。

品牌在電視上老王賣瓜地說自己多好又多棒棒,網友偏要自己來開箱,用他的角度說你的產品,夠好,他才推薦,否則,鞭你的力道,絕不手軟。

消費者喜歡挑戰,不是因為吃飽沒事愛找碴,而是現代訊息取得太容易,各方說法充斥,再加上品牌總是刻意在訊息上擦脂抹粉的結果,讓消費者不相信廣告,寧願相信素未謀面的網友意見。而根據 adweek.com 報導中的統計數字,只有 14% 的消費者相信廣告,卻有 78% 的相信素未謀面網友的推薦。[11]

以前只有官方說法,或是即使有不同於官方的版本,也因為媒體只掌握在少數人的手裡,讓訊息不容易被充分交流。現在不一樣了,每個人都可以是一個「媒體」,舉凡你 Facebook 上的朋友,就是你的基本觀眾。你可以不需要是懂服貿的專家,哪怕只是你的一句話、轉帖的分享文,都可以自己詮釋。而且,只要你願意,可以找到各式各樣不同立場、來源的訊息。

面對消費者的挑戰,品牌可以有二個因應對策:

● **用真心贏取消費者的信任。**
● **滿足網友挑戰的心理。**

欲知其中奧義,你可以從以下案例中找靈感。

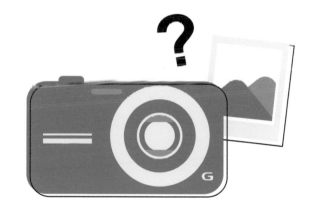

創造一個不可思議的神事件

如果有人跟你說:「只要一張背影照,就可以在茫茫人海中找到她!」你信不信?你以為這需要 Big Data,或是超級電腦的資料庫比對嗎?在臺灣,上 PTT 求救,只要二十八分鐘,用最土炮的肉搜,讓網軍們替你「從背影就可以神的到人」。[12]

創造一個不可思議的神事件

一位叫 Roarwolf（哮狼）的網友，在 PTT 上寫到：

神左邊這位阿 !!!

不知道有沒有神人可以靠背影找出來的

臉有一點像林志玲……

不過多了不少青春氣息

走路給人的感覺有點像 model

雖然真的很窮 不過神到就全部奉上 感恩 !!

二十八分鐘後，就出現了表特版神人 Z9，出來解救眾生。

▲ 當事人自己在 Facebook 上承認「那人就是我」。[13]

◀ PPT Beauty 版「約莫十點左右在忠孝復興往文湖線」原文連結。

這樣的事件，對有點行銷敏感度的人來說，都會覺得這是個棒透了的手法。用最自然又低成本的方式，引爆了大眾對事件中的當事人 Nono 辜莞允的認識跟關注。

有關上述觀點，從藝人雞排妹於網路上討論的另一個事件當中[14]，神人 Z9 老婆的回應就可以得到證實：「背影事件後，的確有娛樂圈的人找上門來要求『製造神人』」。但卻也堅決否認神人 Z9 曾經製造過「假事件」。

整串事件因為發生的過程與結果實屬不可思議，所以持續引發網友們的討論。

本書寫下此案例的重點，不在討論肉搜事件是真或假，而是「創造一個不可思議的神事件」這樣的溝通模式，其實特別適合數位時代。在數位時代的傳播，早就不是倚靠傳統的電視廣告或平面媒體的轟炸，而是透過許許多多正式或非正式的、有公信力的大眾媒體，抑或憑藉個人影響力的管道來溝通。就因為如此，所以品牌不只要說一個好聽的「故事」，這個故事能不能被分享、傳播，才是數位時代的重點。而不可思議的神事件，就跟廣告裏只要出埌 3B（Beauty, Baby, Beast）就有六十分一樣，不一定會拿到廣告獎，但一定是個容易被討論分享的好主題。

類似的不可思議神事件，以背影神人事件為例，都有一個：

- **看似荒謬的問題；**
- **神解答；**
- **眾人拍案叫絕；**
- **網路快速擴散分享的固定模式。**

除此之外，還有嗎？

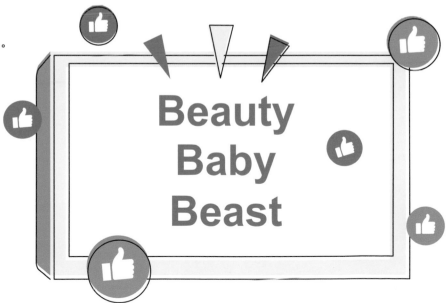

到南部弄假牙……好擠啊……

韓文歌〈壞女人〉（나쁜 여자야），也是一個典型依循「不可思議神事件」模式而爆紅的例子。

一開始，是有位網友在 PTT 上發問：

之前逛街聽到一首韓文歌
前面聽起來很像在埋怨甚麼事情的
附歌的第一句是：
到南部弄假牙～～好擠阿～～
到南部弄假牙～～好擠阿～～
附歌最後一句也是 到南部弄假牙
覺得還不錯聽 但是不知道該從何找起 ??
有沒有大大知道是哪一首韓文歌 ??[15]

◀ PPT ask 版「『請問』一首韓文歌」原文連結。

八分鐘後，這首歌一樣被神到，開始在網路上被瘋狂分享。這次，不但循著「不可思議神事件」模式，甚至還進階了。因為這首歌在網路上爆紅之後，成為新聞報導的題材，讓「原本只在鄉民間流傳的笑梗，經過大眾媒體報導後，再爆紅一次」的「到南部弄假牙」事件。（答案揭曉：這首歌是韓國團體 FT Island 所唱的〈壞女人〉，副歌是這樣發音的：

你是個壞女人 neon na-ppeun yeo-ja-ya，是不是很像到南部弄假牙呢）。

除了有共同模式之外，這類的不可思議，還不到令人匪夷所思的地步。但還有另一類是：

- 常理判斷，根本不可能，
- 但因為你我皆凡人，我們做不到，不表示專家也做不到，
- 引發眾人實驗挑戰，想證明「這是假的」的這一種不可思議。

例如下面這兩個例子：

輕功水上漂，可能嗎？！

某位老外在社群網站宣稱要發起一種新的極限運動。只要跑得夠快、雙腳像縫紉機一樣的快速移動、找到正確的入水角度、經過長期練習後，就可以像打水漂一樣，實現在水上奔跑的夢想。關鍵是──穿上一雙防水跑鞋！

◀《水上漂》影片連結。

網球天王，用發球擊掉你頭上的罐子，可能嗎？！

　　神射手用鎗擊中你頭上的蘋果不稀奇，用網球發球的形式還能打中，那才厲害。擁有二十座大滿貫冠軍頭銜的網球天王羅傑・費德勒（Roger Fedcrei），在廣告拍片現場，穿著西裝一派輕鬆的對工作人員說「你要確保不亂動，我就可以用網球發球的方式，擊中你頭上的罐子。」

◄ 網球天王羅傑　・　費德勒影片連結。

為了「真」，還是為了娛樂效果？
不要搞錯方向。

　　以上這兩部影片的拍攝方式都像紀錄片似的，內容一副很生活的樣子，不講產品功能，也不像廣告一般刻意露出品牌名。提到防水鞋的影片，特地取了一個《水上漂》（Walk on water）的影片標題。網球天王費德勒的這部，則用廣告拍片幕後花絮的形式，露出了品牌名「吉列」（Gillette）。在這兩部影片一曝光後，同樣都引發了諸如：這是假的吧？會不會是新的行銷手法？怎麼可能？……等討論。

同時，也創造了大量分享，在短時間引起大眾注意。

　　「背影找人」這類「不可思議神事件」，與《水上漂》這類「凡人做不到，但搞不好神可以」，這兩類不可思議，還是有一些本質上的不同。

　　第一類，PPT 上的「背影找人」或是「到南部弄假牙」，比較像**公關**，貴在「真」，整個操作過程裡不能讓人覺得這是個串通好的假事件，否則，一切都完蛋了。因為消費者看到事件的時候，已經放了自己的感情，入了戲；若是被拆穿是品牌行銷的伎倆時，反而會引起反效果。

　　第二類，《水上漂》或是吉列費德勒，比較像**行銷**，旨在「引起話題」，真真假假不重要，有沒有話題才是關鍵；因為這類的影片有品牌在背後撐著，消費者反而可以理解，這是一種娛樂效果。

對策一、用真心贏取消費者信任
我們的食物，你們來提問──麥當勞

　　我們都知道廣告裡的食物，永遠比店裡實際買到手的，還要更豐富、色澤更美麗、感覺更好吃。這個食品業不能說的秘密，其實大家都知道，就像「國王的新衣」，大夥兒看久了，都知道，只是不想拆穿罷了。

不過位在加拿大的麥當勞，為了爭取消費者的信任，架設了網站 Our Food Your Questions[16]，要來回覆任何網友對食品有關的問題，而且是真實、認真的回答。

例如有網友提問：「為什麼廣告裡的漢堡跟在店裡買到的，看起來不一樣？」麥當勞解釋：「有幾個原因使我們的食物看起來跟實際購買到的不太一樣，但無論在廣告中或是店裡賣的食物，我們採用的都是相同材料。為了拍攝時的完美呈現，我們的專家會花數個小時來擺設食物；但在店裡，我們務求快速送上熱騰騰的速食給消費者」，還特地拍了一段看起來十分合情合理的影片來說明。在這兩種做法之下，的確會讓產品外觀產生明顯差異。

◀麥當勞廣告中漢堡看起來美味的說明影片。

不只是上面的這個問題而已，在 Our Food Your Questions 網站上，一共有超過九千則的網友提問，包括「為什麼麥當勞的雞塊這麼小？」、「到底是用哪裡的牛肉？」等各式各樣的牛、雞、蛋、薯條、配方、營養成分、生產製造等問題，加拿大麥當勞公司直至 2017 年（本書完成時）都尚未間斷這個網站的營運。

另外，麥當勞還有一個 App，可以讓消費者瞭解「吃進肚裡的食物，食材都是打哪兒來的？」只要用智慧型手機對準包裝盒掃瞄一下，就會看到這個食物原料的生產履歷。

我們對品牌的信任，來自於它的作為是否真實。

但對有些品牌來說，說真話、把自己攤在陽光下，簡直是自曝其短的致命，寧可扯一個沒有人相信的謊，也不願說出真相。所以說，**品牌千萬不要低估了消費者的智商，有時候適度的承認不足，反而能贏取信任。**

你無法承受的生理期真相—— Bodyfrom

一個從小被廣告荼毒的男生，一直以為女生「那個來」的時候，可以唱歌，跳舞，還會有藍色的水與翅膀；但等他轉大人交了女友後才發現，完全不是那麼回事，所以上了英國衛生棉製造商 Bodyform 的粉專上投訴：「妳騙得我好慘啊……。」[17]

他在貼文上寫到：「嗨，身為男人我必須問，為

什麼妳們要欺騙我們這麼多年。當我還是小孩的時候，出於好奇看了妳們的廣告，讓我以為對女生來說『那個來』是件開心的事，可以享受許多快樂，害我嫉妒了一下，像是騎單車、雲霄飛車、跳舞、跳傘等，為什麼我就不能擁有這等好事以及『藍色的水』和『翅膀』。都怪我的老二！然後我交了女友，多麼開心又期待她『那個來』時可以一起享受歡樂時光，結果……妳說謊！一點都不開心，沒有極限運動，沒有藍色的水散落在翅膀間，也沒有搖滾樂，喔不不不……。」

　　請想像一下，如果你是 Bodyform 的行銷人員，你會怎麼處理這則貼文？是這位仁兄自己好傻好天真，品牌不需要認真回文；還是趁著這次機會，表達品牌與消費者站在一起的態度？ Bodyform 選擇的是「正面回應」，而且打算說「真話」。他們找了一位演員來假扮 CEO，拍了影片，幽默地回答這位同學的提問。

▲ Bodyform 回應影片。

這位假扮成 CEO 的女演員說：「對，我騙了你，抱歉。到目前為止你所看到的那些廣告，並不是『那個來』時的真相，你是對的。過去我們也曾試著說出真實的情況。在八〇年代我們做了一系列的訪談，以利我們評量大眾在面對這件事時的反應；結果，因為不是每個人都能接受事實，那個來的時候，女性不但脾氣會暴躁，還會有那些災難般的畫面，所以從此我們改變策略，營造了一個你所看到的廣告中的假象……。」

Bodyform 正面回應負面評價的方式，反而讓影片爆紅，獲得消費者的熱烈響應，化解負評的同時，也為自家品牌增添了不少話題！

寧可不完美，也不要欺騙消費者的品牌

不論是麥當勞或是 Bodyform 的案例，在數位時代面對消費者對品牌的質疑時，擺脫了過去「品牌是神聖不可挑戰」的想像，反而用一種類似人的「如果真的有錯就坦然面對」的態度，來贏取消費者的信賴。

對策二、網友喜歡挑戰，就給他挑戰

你可能不一定認識 Jay Z 是何許人也，但你應該知道碧昂絲（Beyonce）吧！？ Jay Z 正是她的老公，出道至今得過二十一座葛萊美獎的饒舌歌手。

在 2010 年 Jay Z 出版了一本傳記 *Decoded*，記錄他的生平及歌詞；這本書用了一個我想都沒想過的方式來推廣。這個活動結合了實體與虛擬、地理定位服務 LBS（Location Based Service）以及微軟的 Bing（搜尋引擎）。

他們在實體世界的某個角落，可能是公車站牌、可能是唱片行、或是某個轉角的大牆上，這些都是 Jay Z 書中提到的相關事件的真實位置，他們將那一頁的書籍內容以大海報，或各種符合現場環境，例如：花店中的包裝紙、唱片行的唱片封套、泳池的池底地貼、服飾店裡衣服的內襯……等的不同形式出現，當你找到這些線索之後，就可以拍照上傳，完成解碼（Decode）。因為任務線索安置在城市的不同角落，不可能一人獨自完成任務，因此，必須透過網友的力量，要大家同時在網上解謎、在實體世界尋找，才能拼湊出這本書的全貌。

這個活動網頁是一個世界地圖，每一個書頁都有兩個線索要你解開，這就是與 Bing（微軟公司的搜尋引擎）

合作的目的了，想不出答案就用 Bing 找啊！

你先在網上輸入解答的地點後，地圖就會顯示你所輸入的地方，並讓你用鍵盤移動找到正確的線索位置，如此就完成了第一步驟的「定位」，再到實體世界找到實物，並且拍照打卡上傳的人，才算完成「解密」。如果對 Jay Z 不熟，答案並不容易找到。

最後，凡是完成定位或是解密的人，都有機會得到 Jay Z 與酷玩樂團（Coldplay）在拉斯維加斯的演唱會門票兩張，包含食宿、機票，另外還有機會得到「你所找到的那一頁」，未經裝訂裁切、獨一無二的，並由 Jay Z 親筆簽名的書頁。

◀ Jay Z 在出版新書 *Decoded* 後，透過跨媒體整合來達到宣傳效果。

Jay Z 的目標對象是誰？當然是他的粉絲，這是一個對忠誠粉絲設計的互動遊戲，只有粉絲才會對 Jay Z 的故事瞭若指掌，就像「如果周杰倫出傳記，會買的人絕不是因為喜歡這本書的文學，而是喜歡他的人」一樣，他用了一個很特殊的行銷方式跟粉絲互動，在玩的過程中就讓你更瞭解了書的內容，知道發生事件的所在地點。

這種感覺，有點像你喜歡海角七號或少女時代的電影，如果你又知道場景在哪，並且親自到現場走一遭，那種與電影時空交錯的互動跟好感，會比單純看電影深化了許多。

撰寫本書的時候，臺灣正在熱映一部日本動畫電影《你的名字》（君の名は），因為電影裡頭有很多從現實世界取材，並重新描繪的虛構場景，就有一位網友將原作的取景照片，從日本各地一個一個找出來，加深影迷粉絲的共鳴（或根本是電影行銷團隊所為）。

Jay Z 的活動，隨著書籍的發行日接近，慢慢的公佈更多書頁線索，一共有三百頁的內容，就像三百場小活動一樣，讓粉絲不斷的回來，重覆的互動，串連成一個由網友產出大型的，長效的事件。

這個活動不但滿足了網友喜歡挑戰的心理，同時也創造了消費者與品牌時時在一起的條件。這種經過思考，而不是單純為了耍酷耍炫的行銷方式，值得學習。

#

面對「挑戰」，你可以——
用真心贏取消費者意見，
消費者想玩，你就陪他玩。

協作

如果說第一個改變「挑戰」，讓品牌既期待又怕受傷害的話；第二個改變「協作」，就是品牌最愛的「粉絲的力量」。最典型的協作就是——維基百科。一群來自四面八方的人，共同完成一則條目的編輯。當奧斯卡頒獎典禮前一刻才剛宣布最佳影片得獎者，不到一分鐘就會在維基百科上找到答案，由不知道是誰的人主動更新了這則資料。這群默默無名的貢獻者超過兩百萬人，共同編輯了維基百科上近九百三十萬則條目，沒有一個是因為錢、因為被迫而更新資料，全都自動自發地做這件事。這樣的力量，如果轉換到品牌身上，多好！

大家應該都還記得 2014 年的「冰桶挑戰」（Ice Bucket Challenge）吧！為了幫助 ALS 漸凍症患者，從 Facebook 的馬克・祖克伯（Mark Zuckerberg）點名了微軟（Microsoft）的比爾・蓋茲（Bill Gates），還有 NBA 騎士隊的勒布朗・詹姆斯（LeBron James）、林書豪、女神卡卡（Lady Gaga）、小賈斯汀（Justin Bieber），各方名人紛紛把一大桶冰水從頭上淋下後，選擇捐款（也許沒有），再指名三位朋友（或仇人？）接手參與的活動。而冰桶挑戰一個傳給三個的規則，透過社群的擴散效益使其威力放大不少。彭博新聞做了個簡單的計算，如果所有人都遵守遊戲規則，那麼在二十二天內，全世界參與這個活動的人數，將會超過目前全球的七十億人口數。

網友或是粉絲願意貢獻一己之力，共同完成一件事情的起因，主要都來自於「認同」某一件事，有可能因為有趣、因為符合價值觀、因為喜歡你這個品牌……等而激發粉絲想要參與。這些粉絲透過社群、網路、實體，採用你貢獻一點，我奉獻一分的模式，將小人物的力量，匯集成一股難以忽視的巨大能量！這也是數位時代所帶來的、前所未有的消費者行為特性之一。

當「群眾協作」開始運作時，理念相同的粉絲們，只要透過簡單的手段（例如打打鍵盤）就能完成一人難以成就的大項目。讓我們不用花費大量的人力，也能發起撼動全球的活動。

但同時，我們也見過太多網路活動，向網友募集影片、文字、照片等等，希望群眾協作的活動網站，卻沒辦法像冰桶挑戰一樣引起群眾效應。其關鍵點就在於消費者認為：這個品牌活動跟我有什麼關係！

品牌的因應對策：

1. 讓消費者和品牌之間，產生互相依賴的關係。
2. 拋磚引玉，用精彩的示範，引發網友表現欲。

該怎麼幫品牌凝聚消費者的集體意識？我們可以

從以下例子當中找到靈感。

對策一、讓消費者和品牌之間，產生互相依賴的關係

第一次注意到這個活動的時候，是因為 Pinterest 上的這張照片[18]，看到的當下心想：「這誰啊，也太有才了吧，可以把星巴克（Starbucks）的紙杯畫得這麼好看！」我以為這只是某人在夏日午後的神來一筆，點進去後才發現，原來這是個競賽活動啊。

不過，在經過一番挖寶之後，更讓我感興趣的，不是這些有才的網友創作，而是星巴克操作這次活動的整個脈絡。

▲ 星巴克白紙杯競賽，引起民眾在紙杯上彩繪出自己的異想世界。

2014 年 4 月，向來很會玩行銷的星巴克辦了一個「白紙杯競賽」（White Cup Contest），邀請熱愛塗鴉手繪的消費者，在星巴克的白紙杯上塗鴉，只要透過 Twitter 或是 Instagram，上傳你手繪紙杯的照片，加上 hashtag 標籤 #WhiteCupContest [19]，便完成報名。最後選出一名優勝者，獨得獎金。

我們一起來看看，星巴克是如何利用旗下各個官方社群媒體的特性，創造出一個完整的溝通脈絡。

秘訣一、
利用社群媒體不同的特性，整合活動最大綜效

在這次活動中，星巴克一共用上了：

- MyStarbucks Idea：公告活動辦法，收集意見。
- Twitter：作為報名平臺，通報活動進度，擴散及吸納粉絲（報名時就強制要追蹤星巴克的 Twitter）。
- Instagram：作為報名平臺，方便手機上傳及擴散。
- Pinterest：展現網友創作的內容，將值得推薦的作品彙整。
- Facebook：炒熱活動氣氛，加速擴散。
- 官網：新聞發布，及整個活動資訊的中心。

以上這些平臺彼此串連互通，可以單獨存在，合體後，威力強大，網友則依據自身的心情、時間、工具，用他最熟悉的平臺，就行了。

這次的活動，其實有好幾個目的，除了讓網友發揮創意，幫品牌製作出內容之外，其中一個目的就是為了推廣星巴克的「可重複使用紙杯」，該品牌用了一個很高明的手法來包裝。

秘訣二、
找到消費者為何會想要這樣做的洞察（insight）

在星巴克，通常外帶時都會用紙杯裝著咖啡（除非顧客願意自備隨行杯），雖然方便了顧客，卻也因此製造了大量的垃圾。在 2013 年的美國，則多了一種新選擇，推出了可多次重複使用的白紙杯，杯上除了大大的美人魚 Logo 之外，什麼都沒印，不過這個紙杯是需要另外花錢買的，一個一美元。為了鼓勵大家多多使用，當你用這個紙杯購買飲料時，星巴克會給你○‧一美元的折價，等於用個十次也就回本了。

◀ 可重複使用紙杯，最明顯的區別，只是很低調的在杯子下緣附註「可重複使用」字樣。

問題來了：如果有好幾個顧客同時間都用這個杯子來買飲料時，要怎麼分辨哪個是誰的？

Solution：鼓勵大家在杯子上塗鴉，創造只屬於你的紙杯。

◀這次得金牌作品創作過程的 Vine。

這也是這次活動很重要的出發點，同時推廣了新紙杯、強調了消費者可以讓紙杯有專屬感、辦了一場有趣的活動、還讓消費者順便幫品牌創造了許許多多的內容，真是一兼好幾顧的賺到！

秘訣三、
傾聽消費者的心聲，並且不吝把榮耀歸給他們

最妙的是，這整個事件的起始點，是從星巴克專門用來搜集意見的網站：My Starbucks Idea [20]。這網站從 2008 年開始運作以來，持續不斷的收集、處理網友的意見，這份持之以恆的堅持，讓星巴克多了一份其他品牌難以取代的優勢：累積了將近十四萬則建議，只要有 1% 的意見是有意義的，就有一千四百個好意見跟未來可推動的專案，嚇人吧。

▲就是這一則（於 My Starbucks Idea 網站截取）。

其實，在網友提議舉辦手繪競賽之前，早就有一些神人級的手繪創作在網路上瘋傳，其代表人物之一，便是來自韓國的 Soo Min Kim [21]，而我也相信星巴克絕對看過這些作品。所以，與其說活動的緣起來自網友在 My Starbucks Idea 的提議，倒不如說是「星巴克願意把 idea 的榮耀，歸給網友」來得更貼切。可別小看了這個動作，這也是讓網友願意自動免費送上 idea 給星巴克的重要原因之一。

秘訣四、
找一個合適平臺，展示這些作品，重點：要讓它長期存在，而不是活動結束就下架。

另一個值得一談的是 Pinterest。星巴克彙整了三百多個比較有看頭的作品（報名的件數四千件），再加上 Pinterest 最出名的「瀑布流」網頁呈現方式，不得不說，如果以圖像呈現為主的主題，比起 Facebook 或是 Twitter，Pinterest 就是比較適合。作品一字排開的氣勢，不但畫面賞心悅目，也讓觀者更

容易有「美」的感受。

▲ 在 Pinterest 可以看見更多世界各地的創意。

原本，只是一個為期二十一天就該結束的網友競賽（2014/4/22 ～ 2014/5/12），星巴克就是有本事善用了不同社群媒體的特性，讓各平臺各盡其責地扮演適當的角色，不只在 Pinterest 有專門的佈告看板，Facebook 上也保留著 white cup contest 的相簿等，作為之後讓「網友在紙杯上塗鴉」變成不是一個單一的行銷活動，而慢慢的變成了一種「品牌文化」。

對於許多品牌來說，與其放任網友在網路四處各自表態、自由發揮，玩弄你的品牌，偶爾就會發生一些不可控制的公關危機，不如你創建一個平臺，訂定遊戲規則，邀請他們來這裡玩，不但參與的人可以得獎金或是因此而出名，更重要的，是品牌主還可以得到一堆網友創作的內容，賓主盡歡，多好！

對策二、拋磚引玉，引發網友參與

當地人的私房景點 Local's Guide

另外一個創造「讓消費者和品牌之間，產生互相依賴的關係」的例子是來自瑞典的 Local's Guide。

想要自己完成一本旅遊書的創作，是一件多困難的事！但如果只要選擇網友在城市吃喝玩樂的照片，就可以成為旅遊指南的一部份，你做不做？

瑞典 Arlanda 機場（Swedavia Swedish Airports）推出了一個 App 服務：「在地嚮導」（Local's Guide），它能從 Instagram 用戶的照片裡，依照網友所選擇的城市，蒐集當地人拍攝的照片與地點標示，自行挑選整理之後，就集結成一段充滿當地風情的旅遊指南！

網路上的旅遊資訊氾濫，品質參差不齊，哪裡好吃？哪裡好玩？什麼才是真正的道地？聽專家說，不如聽當地的朋友（Local Friends）包括你自己說的，才是最道地的私房景點。

Local's Guide：「在地嚮導」就是挖掘到消費者會有這種想法，才建立起來的服務，它運用群眾協作的方式，完成一個即時、量大，又富含在地觀點的旅遊指南！當網友採用這個 App 時，不僅是獲得了旅遊資訊，也同時幫航空公司和網友建立起密不可分的依存關係。

311 日本賑災 -Honda Connecting Lifelines

2011 年日本發生 311 大地震之後，Honda 汽車發起了「連結生命線專案」（Connecting Lifelines Project），呼籲他的車主們打開車上的 Internavi（透過行動網路可以即時回饋路況的系統），來幫助當時物資的運送，讓需要前往災區的人車，根據車主所分享出來的資料做出正確的行駛路線判斷，加快救災效率。

一輛車的資訊，看似微小，但 Honda 一旦集結廣大車主分享的即時資料之後，就可以解讀出「哪些道路有車輛在行走或移動緩慢、哪些道路在過去二十四小時沒有任何資訊、來判斷道路是否暢通或是已經中斷無法通行……」。

Honda 將這些即時資訊視覺化、圖像化，以 GPS 地圖的方式呈現，在二十小時內就完成這項建置，在網路上開放地圖，讓任何需要的人使用，也成為

第一家發布即時路況的企業。網友共同協作產生的資訊，串聯成協助救災的有力工具，也吸引了更多的車主參與這項活動。

◀Honda Connecting Lifelines 影片。

Starbucks 再多五分鐘

如果在盛夏，要你在網路上幫星巴克推廣冰咖啡，你的活動主題會是什麼？「表現好喝？清涼？還是暢快到底？」星巴克，就是想的跟你不一樣，它的主題竟然是跟冰咖啡一點關係都沒有的「再多五分鐘！」（5 more minutes）。

它說：「再給你五分鐘，你最想做什麼？」

星巴克繞了那麼一大圈，不跟你談產品特性，卻跟你聊人生，這是哪一招？

◀Starbucks 5 more minutes 影片。

在這部影片裏看到的是一種生活情境，一種令人嚮往、陶醉的情境，友誼、愛情、陽光、沙灘與海

洋，星巴克在影片中企圖詮釋：「多五分鐘的人生，會有什麼不同」，不斷拋磚引玉的要你也參與互動。

在 5 more minutes 的網站，星巴克與幾個主流的社群媒體（social media）合作，讓你在這些平臺抒發你的意見，包括：以影像處理聞名的手機應用程式 Instagram、Twitter 以及 Facebook，你只要在你的作品，不管是相片或是推文加上 #5more 的標籤，這些內容就會自動被統一收集到這個網頁。

請你想像一下，你被吸引進到 5 more 網頁，是因為一杯冰咖啡，還是你朋友說：「再多給我五分鐘，看著十三個月大的女兒，自己走路」的訊息？

當你在網頁中瀏覽這些訊息的過程，就會發現星巴克的冰咖啡資訊，如果引起你的興趣，你自然就會點擊。 在 5 more 活動中，咖啡只是個配角，靜靜等著你去發現，而主角是星巴克的消費者，星巴克在努力的娛樂它目標對象，讓他們開心。對消費者來說，產品資訊一向是個無趣的內容。今年談冰咖啡，明年談香草密斯朵，那後年呢？消費者真的關心你的產品配方嗎？還是消費者真正關心的是自己的人生、自己的朋友？

十萬個保險套，最後都被怎麼用掉的？

保險套這麼私人又害羞的東西，怎麼召集大夥兒願意一起創作？靠的也是「拋磚引玉」。在瑞典鼓吹安全性行為，防治愛滋病的組織 LAFA，要送出十萬個保險套。

本來這種事，低調進行就好，想不到，它不但在每個保險套上印上獨一無二的號碼，從零到十萬號，上面還有清楚的說明，很高調的邀請每個拿到免費保險套的主人，上網填入你拿到的保險套號碼，告訴大家「你是怎麼用掉這個保險套的？」[22]

這些保險套被免費的在車站、戶外看板、或是咖啡廳、酒吧、計程車裡派送。

1. 首先 LAFA 找了一百個部落客或單身的名人等意見領袖（保險套編號零到一百號）來拋磚，說說他們是怎麼用掉的、有哪些故事？

2. 透過平面廣告模擬某個保險套可能的使用者，誰跟誰作了之類的情境。

3. 在可能發生愛的故事的「戶外現場」（例如：公園的長椅上）貼著「no.123 的保險套在這裡被使用，想知道它背後的故事，請上官網」的貼紙，引發看到這個戶外廣告的人的好奇，上網瞭解更多。

試想一下，如果你拿到這個免費保險套，看到說明，就算你沒使用、或是羞於啟齒，應該也會好奇，想要上網看看別人的故事，如果內容有趣，也會不

各按個讚吧！

　　LAFA 先透過名人網紅拋出精彩示範，越多名人參與，就越容易引發網友表現欲的正循環，同時用很簡單的表格，來提高使用者的填寫意願，再加上上述的種種作為來塑造「說愛的故事」其實也很有趣的氛圍，達成網友願意「協作」的目的。

▲ LAFA 影片。

品牌要凝聚群眾，什麼才是最重要的？

　　想要利用「協作」的特性來幫助品牌行銷，從上述案例來看，我們會發現**目的**與**參與門檻**相當重要！除非是品牌重度愛好者，很少有人單純的，只為了支持品牌而參加活動。

　　群眾大多是為了支持一個信念、試試看有什麼好玩的東西，或是想要展現自己！因此我們的「目的」很重要！並不是品牌要求消費者做什麼，他就會做什麼，就算是可口可樂、蘋果、星巴克也不可能，都要讓消費者自己覺得「這件事情值得」他來做，否則消費者其實一眼就可以看穿品牌是試圖對他們做行銷，而不是在交朋友。這並不代表，我們要把品牌 Logo 或商品完全隱藏起來，活動目的跟品牌想要溝通的事，是可以巧妙結合的！

　　有了一個遠大的「目的」後，記得要將參與門檻放到最低，才能吸引到最多的人潮，值得注意的是，雖然參與門檻要放到最低，但創意團隊本身要做的事可不能少，例如拋磚引玉、邀請適合的名人網紅參與，讓這件事情越來越有趣，串起更多人，這樣你才能讓消費者有「出了很少的力，卻完成一件大事」的興奮感啊！

# #

消費者願意為你做的，
比你想像來得多太多！
重點要讓消費者覺得「這件事值得」他來做。

━━━━━━━━━━━━━━━━━━━━━━

主導

不知道你有沒有發現，臺灣在近幾年的行銷上發生了一個有趣的兩極趨勢，不是大家都用 Facebook 開粉絲專頁、辦活動，也不是品牌手機 App 滿天飛，而是傳統的電視廣告變得不一樣了。

一種，是越活越回去的倒退，看不到行銷策略，沒有品牌價值，只剩下賣膏藥式的叫賣，彷彿只要拍了廣告、強力放送，就算是在「做品牌」，很難想像這是發展了數十年廣告服務業的臺灣會拍的廣告；另外一種，是敘事方式越來越像說故事，產品的比重變低了，娛樂的成分變高了。

雖然我不明白「為什麼叫賣式的廣告依然存在」[23] 的原因，不過我理解「廣告不那麼廣告」的趨勢，與網路世代的來臨有很大的關係。

現在大概很少有電視廣告在網路上找不到影片的，也許是代理商或是廣告主、也許是某個熱心的網友上傳，只要在電視上播出沒多久的廣告，在 YouTube 上都能找到。這樣的趨勢發展，一方面是因為在 YouTube 上播放不用錢，一方面是因為消費者越來越習慣在網路上閱讀。只是，電視廣告放到 YouTube 上播放，這樣就夠了嗎？

這個問題有兩個層面：

1. 電視廣告適不適合直接拿到網路上播？
2. 網友看完影片，然後勒？

電視廣告拿到網路播出，如果你不在意點擊率，不針對網路特性拍攝、剪輯，直接轉 post 也沒什麼不好，就當作多一個曝光的媒體，但如果你想要把電視廣告當做吸引網友觀看的觸發點，在 YouTube 上大放異彩，那就得看看你的影片能不能引起共鳴了。

共鳴點在於消費者有沒有被娛樂到的感覺。

電視與 YouTube 雖然播放的都是影片，但被傳播的方式是不一樣的。前者是「不管是什麼破爛玩意兒，只要選對時段播出，就有一定的觀眾看到」，你喜不喜歡是另外一回事，這就像，只要是中華民國國民，大概沒有人不知道「斯斯有三種」吧（斯斯是一種感冒藥的品牌）。電視廣告講究的是單一訴求，把產品特色、品牌要說的話說清楚，娛不娛樂則是其次；而後者代表的網路，它的屬性則是「內容為王，一定要夠有趣、感人或是新奇，如果我沒興趣，我連看都不會看一眼」，共鳴點就在於「是不是消費者想看的，有沒有被娛樂到的感覺」。

這是因為電視與網路的區別，除了一個要錢一個

不用錢之外，被動 vs. 主動才是他們最重要的差異。

因為消費者在網路上擁有絕對的掌控權，就好像大部份時間我們都知道網路上的廣告會在什麼位置出現，有趣的是，通常在網上逛了一整天，對廣告視而不見只把它當做背景一樣看待，到最後卻一個都沒點擊過。正因為掌控權在網友的滑鼠上，所以數位時代的行銷，娛樂感才變得如此重要。這也正是網路影片期待成為 Viral Video 的原因，講究能不能像病毒一樣被主動傳播，分享到社群媒體上與朋友共享，如果你的影片沒有感染力，哪怕你咳得多嚴重、發燒到暈眩，你的病毒，恐怕誰也影響不了，只能你一個人獨享了！

到了數位時代，網路、手機、平板、電腦，甚至手錶，成了我們主要接受訊息的工具來源，打破了時間與地點的限制、媒體也越來越多元，不再侷限在過去的老三臺或是三大報。網友有充分的自主權，選擇用什麼工具，在什麼時候，透過什麼媒體，看他自己感興趣的內容，這也就是為什麼，即使網路上到處充滿了廣告，點擊率卻普遍連千分之一都不到的原因。

以往因為媒體資源掌握在少數人手上，由一小撮人制訂出至高無上的規矩，而且老百姓只能接收，不能反駁，也沒有管道可說，這樣的溝通模式，在數位世代還真行不通，當然，還有現在我們可獲得的聲光娛樂，比以前豐富不只百倍。

只要是全球領先的品牌，無一不在設法搏得消費者的注意：「讓我哭、讓我笑、讓我感動、讓我流淚」，否則我們日常生活裡頭有那麼多事要做，有那麼多資訊可以看，消費者何必花時間在品牌的行銷活動上頭？

因應對策：

- 說消費者在意的話，而不只是品牌想說的話。
- 準備各種類型的資訊，當消費者需要的時候，可以被找到。

對策一、說消費者在意的話，而不只是品牌想說的話

Car vs. Piano 把生硬的保險，變得有趣

想要用「保險的內容」來娛樂消費者，這難度夠高吧！俄羅斯的保險公司 Intouch 不但做到了，而且還很有創意。

如果你看到這樣的畫面：「一輛靜止不動的車，正上方掛者一架貨真價實，只靠著九根繩索固定，重達三百五十公斤的鋼琴」時，你會聯想到什麼？

危險！不可預期！會砸死人！

沒錯，這就是這個行銷案，要傳達給你「天有不測風雲，所以還是保個險比較好」的訊息。有趣的是，這九根保命的繩索，何時會斷、什麼原因會讓它斷，都由網友來決定。而且透過線上直播的方式，讓你親眼目睹汽車被鋼琴砸爛的那一幕。

這是一家專門經營汽車保險的俄羅斯保險公司Intouch，為了推廣新的第三責任險「Intouch 外界因素保險」（Intouch external factors insurance）所辦的活動：Car vs. Piano[24]。

為了讓網友感受到「意外，不是你能控制」的氛圍，在活動網站上，有三臺攝影機對著這輛岌岌可危的汽車，還有一個大螢幕，即時顯示網友的推文，二十四小時全天候 Live 轉播。只要你 Twitter 上的一則推文，就可以決定這輛車的命運。每天會隨機選出網友的兩則推文，由推文的內容與現實世界所發生的狀況比對，如果真的發生了，一條繩索就會被剪斷，直到繩索撐不住鋼琴的重量而掉落，把汽車砸爛為止，夠刺激吧！

例如：明天如果氣溫飆破攝氏三十三度，就剪斷繩索，反之，就沒事；如果明天臺北股市上漲，剪斷繩索；如果大樂透槓龜，剪；中華隊贏，剪……。

Car vs. Piano 因為利用了社群媒體，多了消費者參與的機會，也讓訊息的擴散變得非常容易，再加上二十四小時的 Live 轉播，延伸了事件的張力，滿足現代網友窺探、好奇又嗜血的特性。

除此之外，事件本身的設計也跟產品相連結，不會只順了網友想玩的意，而忽略了品牌要傳遞的訊息。消費者經由活動感受到「外界不可控制的因素，是會造成意外」認知的同時，也創造了 Intouch 品牌創新的好印象。

如果你剛好需要汽車保險，參與這樣的活動後，一定會讓你想要進一步瞭解產品的資訊吧！即使你不需要，至少你也賺到了一個參與有趣事件的經驗。不是嗎？

為什麼土豪想要埋葬他價值千萬的賓利？

如果有個知名土豪說：「因為我太愛賓利（Bentley），愛到連哪天前往極樂世界後還能共聚」，於是決定在自家後院挖個洞，把這輛價值千萬起跳的車子給埋了陪葬。你會覺得：1、這純屬個人行為，隨他高興 。2、看熱鬧追蹤事情的發展。3、還是加入社群戰火，群起譙之？

巴西一位頗具爭議的富豪奇金歐·史卡巴（Chiquinho Scarpa），因為受到埃及法老陪葬紀錄片的感召，也想有樣學樣把自己心愛的 Bentley Flying Spur（要價一千三百八十萬臺幣）當作陪葬品，埋在

自家後院，還在 Facebook 上昭告天下。

在這則 PO 文中，史卡巴先寫下這段話：「我正在看一部紀錄片埃及法老王，非常有趣。他們埋葬他的全部財產。」接著刊登了這驚動大眾的貼文：「因此……我決定效法法老王，把我最心愛的寶藏 ——賓利汽車——埋進自家後院！」

隔天，史卡巴在 Facebook 上再加碼：「給那些懷疑我的人，就在昨天我已經開始在院子裡開挖了，準備在這週末埋葬我的賓利。」照片中秀出他開始動土挖掘的照片，要讓大家相信他是認真的！

▲ 這種腦殘行為，最容易引起討論。

史卡巴這傢伙的風格，本來就愛炫富，個人 Facebook 有三十五萬個粉絲，平常隨便的一則 PO 文就已經夠具話題性了，更何況這系列討罵挨的貼文。可想而知，這則埋了賓利汽車的 PO 文引來了大量的批評，用膝蓋想就知道網友會有哪些反應：「這個人有病、浪費資源、怎麼不去幫助別人、錢太多也不是這樣花的吧……。」

因為這議題在社群上燒起來，引起了媒體的注意，電視、雜誌、電臺爭相報導這個瘋狂的事件，甚至在「賓

利葬禮」當天，電視臺出動直升機在空中 SNG 直播。

就在全國關注，所有人都盯著賓利駛入它的「墓穴」，準備被蓋土的時候，土豪說話了「等一下，我要暫停這場葬禮，請大家移駕到我的屋內。」接著他說：「大家都覺得我的舉動很荒謬，把這麼珍貴的東西給埋了，但世上有更多人埋葬了比我賓利更珍貴的東西，那就是人體的器官，那才是史上最大的浪費。」接著揭開鼓勵大家器官捐贈的活動。

瞬間，這位被眾人唾棄的土豪，變成人人豎起大姆哥的英雄，讓器官捐贈在接下來的一個月提昇了 31%。

發現了嗎？這整個事件，就是個我們再熟悉不過的公關操作，只是同樣是公關操作，這則器官捐贈的活動，聰明地調整了運作方式，以符合數位時代的特性：

- 不需要媒體守門員，不需要發新聞稿給任何一位記者；
- 我用自己的媒體，自己對外發聲；
- 我自己掌握說話的節奏。

▲ 奇金歐·史卡巴案例影片。

過去的公關，為什麼要先討好媒體？是因為如果沒有媒體，你的訊息是到不了消費者耳中的，所以媒體就扮演了守門員的角色，他幫消費者過濾哪些消息值得推薦，哪些是廢物……，久而久之，品牌操作公關事件，就懂得先投媒體所好（而不是投消費者所好）。

到了數位時代，**社群媒體打破了守門員的大門**。任何人只要有個帳號，有三五好友，誰知道你的一句話，會不會成為明天報紙的頭條？！

這位富豪沒有選擇先在媒體發言，而是透過 Facebook 直接對著素人講，因為這些媒體不一定會想要隨之起舞，配合演出，或是不能接受事後發現被耍，但又不能事前破功……等，反而透過 Facebook 的 owned media，他才可以自由發揮，在一周內**掌握鋪梗**（說被法老王感召）、**決定**（要辦賓利葬禮）、**行動**（在 Facebook PO 開挖照）三部曲的發文節奏。

最後葬禮舉行，已經聚集了所有目光的時候，才來個大公開，所有人聚精會神的聽他講五分鐘：原本會是很無趣的「捐贈器官很重要」訊息。

品牌跟媒體之間的關係，品牌訊息傳遞的節奏跟順序，早已經演變成這樣了：

- 過去：品牌→大眾媒體→消費者；
- 現在：品牌→自有媒體→消費者→大眾媒體→

更多消費者。

我很難想像，如果回到從前，一模一樣的公關要怎麼操作？TVAS 說我要獨家，三粒說我不要每天幫你鋪梗，粘代說今天有更重要的新聞要播，最後，大家只好還是去看二周刊的露點照跟藝人緋聞好了。

對策二、準備各種類型的資訊，當消費者需要的時候，可以被找到

前面提到了，在數位時代網友對於「看什麼？什麼時候看？用什麼工具平臺？」有絕對的主控權。

品牌最想傳遞給消費者的，包括：產品特色、優勢、功能……等這些資訊，偏偏最不容易吸引消費者的目光，也最不容易擴散分享。不是消費者不想看，而是必須等到他已經接近購買階段時，為了選擇比較他才會主導找相關的內容來看。問題來了，正因為你不知道特定的消費者在什麼時候，處在消費者決策旅程中「考慮、評估、購買、享用、推薦」的哪一個階段，習慣用什麼平臺、媒體，接觸到你；所以，與其如此，不如先準備好，一旦消費者需要的時候，讓他們找得到你。

現實面，使用越多的工具，當然需要越多的人力與預算。如果品牌的預算有限，又沒有太多的人力

的話，至少要準備好以下的五種資訊，也就是消費者決策旅程五個階段的訊息：

1. 考慮階段：讓消費者知道有「你」的存在；
2. 評估階段：讓消費者找得到產品的相關規格、資訊、評論、使用經驗；
3. 購買階段：促使消費者採取購買行動的資訊；
4. 享用階段：教導消費者更好地使用你的產品的資訊；
5. 推薦階段：引導消費者願意推薦你的產品。

以星巴克為例子：

星巴克總是搶先使用最新工具，為哪樁？

你有思考過「為什麼星巴克的官方媒體，幾乎用上了所有的主流工具嗎？」

星巴克有著幾乎你熟悉的主流工具的官方帳號：包　括：Facebook、Twitter、YouTube、Instagram、LinkedIn、Pinterest、部落格……。不是因為它財大氣粗，預算沒地方花，而是星巴克深知現在的消費者，會用他們最便利最習慣的方式，找尋他們要的資訊。

溝通「考慮階段」的訊息，是品牌行銷最常做的事，廣告、公關等都屬於這一類，不用我介紹，大家

都知道星巴克非常善於此道；而星巴克的社群媒體功用，則在滿足其他的四個階段，他們把市場上幾個主要的社交媒體全都用上了，微網誌用 Twitter，社交平臺用 Facebook 粉絲專頁，線上影片用 YouTube 頻道，照片分享用 Instagram、Pinterest，部落格則用本章協作主題其中對策一的案例，星巴克使用的 My Starbucks Idea。

星巴克在經營社群上有清楚的分工：

1. Facebook 做為跟網友交誼，營造輕鬆互動，交換訊息，告知活動，讓網友聊天的場所；
2. Twitter 則是線上客服，快速回應網友意見，導引解決網友困惑，發佈活動訊息的中心；
3. Pinterest 則是營造品牌性格，讓網友一次就能一覽 Starbucks 想要傳遞給消費者的品牌精神是什麼。

星巴克的 Facebook 就像個交誼廳，可以遇到全球三千六百萬個跟你一樣喜歡該品牌的朋友，一起來這裡歌頌你多愛星巴克，看影片，看最新的活動訊息，討論問題，因為機制的設計，Facebook 就是比較適合社交，不適合回答問題。

而相較之下，Twitter 以文字為主的設計，如果你對星巴克有任何疑問，來這裡留言很快就能得到回

應，或是由星巴克的行銷人員告訴你「你的問題可以找誰解決」。

時間久了，這樣的區分就越來越明顯，網友知道，要哈啦上 Facebook；要解決問題就上 Twitter，甚至較資深的粉絲也會這樣提醒新粉絲。

另外，在星巴克的 Pinterest 一共有二十三個分類的看板（Board），上頭除了商品直接相關的介紹之外，還有文化、創意、生活有關的訊息。Pinterest 跟 Facebook 比起來，就是比較適合**經營品牌性格**。在 Pinterest 可以分類、搜尋、有系統的傳遞資訊，這些特性彌補了 Facebook 塗鴉牆會一直被新訊息蓋過——只適合讓消費者參與你的「現在」，而無法瞭解你的「過去」的一大缺陷。如果你有過在 Facebook 上搜尋查找過去 PO 文資料的經驗，一定會認同我的說法的。

對消費者來說，我不感興趣的資訊，是干擾；對的資訊在錯誤的時間出現，也是一種干擾。但如果你的內容引起了消費者的注意、是他們想需要的，他們不但會點擊，而且還會自動自發的想要瞭解更多，甚至幫你免費宣傳。

注釋來源

1. 吉姆林，〈【5/25 更新】合作與否是廠商的自由，但媒體尊嚴不容踐踏！〉，*mobile01*，https://www.mobile01.com/topicdetail.php?f=248&t=4809559&p=1#60315415, (2016/05/23)。

2. 草莓大俠，〈【5/25 更新】合作與否是廠商的自由，但媒體尊嚴不容踐踏！〉回覆 #1034，*mobile01*，https://www.mobile01.com/topicdetail.php?f=248&t=4809559&p=104#60341060, (2016/05/25)。

3. D'Arcy Doran, "Project Re: Brief," https://www.thinkwithgoogle.com/marketing-resources/project-rebrief/, *Google*, Apr, 2012.

4. 1971 年可口可樂 Hilltop 形象廣告：https://www.youtube.com/watch?v=1VM2eLhvsSM。

5. 響應式網頁設計（Responsive Web Design）之簡稱。

6. UStream；於 2007 年創立的個人線上影音廣播平臺，並在 2016 年被 IBM 收購。

7. 即時通訊和影片聊天應用軟體，於 2013 年由 Google I/O 發表取代 Google Talk。

8. 雲端共同筆記服務。於 2014 年被 Dropbox 收購，且在 2017 年 7 月 19 日遷移至 Dropbox Paper 中。

9. 2012 年由臺大資工系畢業校友所發起的臺灣線上社群。

10. PPLd，〈要怪 Mobile01 還是 Sony?〉，*mobile01*，https://www.mobile01.com/topicdetail.php?f=546&t=1898349&p=1, (2010/12/05)。

11. Christie Barakat, "Direct and Social Media Marketing in 2014," http://www.adweek.com/digital/direct-social-media-marketing-2014/, *ADWEEK*, December 4, 2013.

12. ZZZZZZZZZ9 (Z9)，〈[神人] 約莫十點左右在忠孝復興往文湖線〉，批踢踢實業坊 Beauty 版，https://www.ptt.cc/bbs/Beauty/M.1371398866.A.D67.html, (2013/06/17)。

13. Nono_ 辜莞允，〈沒事多喝水～多喝水沒事～〉，*facebook*, https://www.facebook.com/NonoKunono/photos/a.150044885132207.32219.150041015132594/292905304179497/?type=3, (2013/06/16)。

14. NOWnews，〈雞排妹嗆變龍珠再說 Z9 老婆發文向鄉民致歉〉，Yahoo! 奇摩新聞，https://tw.news.yahoo.com/%E9%9B%9E%E6%8E%92%E5%A6%B9%E5%97%86%E8%AE%8A%E9%BE%8D%E7%8F%A0%E5%86%8D%E8%AA%AA-z9%E8%80%81%E5%A9%86%E7%99%BC%E6%96%87%E5%90%91%E9%84%89%E6%B0%91%E8%87%B4%E6%AD%89-031352727.html, (2014/02/06)。

15. mule1989（鵺の鳴く夜），〈[請問] 一首韓文歌〉，批踢踢實業坊 ask 版，https://www.ptt.cc/bbs/ask/M.1381458138.A.DF0.html, (2013/10/11)。

16. Our Foods Your Question 官方網站：https://yourquestions.mcdonalds.ca/。

17. Richard Neill, "Hi , as a man I must ask why you have lied to us for all these years...," https://www.facebook.com/Bodyform/posts/10151186887359324, *facebook*, October 8, 2012.

18. Steve_Sarmiento, https://www.pinterest.com/pin/25403185373082317/, *Pinterest*.

19. #WhiteCupContest, https://www.pinterest.com/starbucks/starbucks-cup-art/, *Pinterest*.

20. My Starbucks Idea, https://ideas.starbucks.com.

21. Soom Min Kim, http://blog.naver.com/fseo.

22. 活動網站：http://kondom08.nu/。

23. 米卡，〈電視廣告只是傳上網，夠不夠？〉，米卡的行銷放肆 Marketing Funs，http://www.jabamay.com/2011/12/blog-post.html, (2011/12/28)。

24. Car vs. Piano, http://carvspiano.ru/en/.

## CHAPTER TWO

數位時代，
品牌要這樣說

" 好的促銷，是消費者主動的選擇，
而不是你塞到他信箱裡無謂的資訊。
"

身為一名鐵錚錚的漢子，我不用 SK-II，但我知道 Pitera。[1] 瞧，電視廣告轟炸的力量有多強大。

不過，我最近開始注意 SK-II 的行銷主軸——改寫命運。倒不是因為電視上強力放送的廣告，而是一則來自中國，在網路社群媒體上瘋傳的廣告作品。

在 2016 年坎城創意節，SK-II「改寫命運」（#ChangeDestiny）[2] 得了公共關係 PR 金獅在內的兩個獎項，這則廣告長達四分多鐘，是不會在電視上播出的作品。

這支影片說的是：中國社會女性到了適婚年齡還未成家的「剩女」現象——《她最後去了相親角》。

在中國上海的人民廣場有一個相親角，專門讓那些擔心尚未成家的剩男、剩女的家長們，張貼自己兒女的背景資料，諸如：年齡、身高、學經歷、收入、有沒有房子，等等的「規格表」，那模樣就像招商似的，擔憂的父母們一心想把兒女給推銷出去。一旦，雙方家長對彼此兒女的「規格」看對眼了，就會安排一場相親活動。這些家長們看似積極的作為，卻給子女帶來莫大的壓力。這樣的困擾該如何解決？ SK-II 用影片來剖析，並提出一些新觀點，企圖改變這個存在於中國的社會現象。這支影片拍攝品質極佳，相當值得一看。但奇妙的是，這則闡述中國近代社會現象的影片，卻是由遠在瑞典代理商 Forsman&Bodenfors 的創意執行。

▲《她最後去了相親角》短片。

看到這兒,你會不會開始很好奇,在傳統行銷年代便已經稱霸的 SK-II,在跨入數位時代之後,在行銷作為上有哪些調整,才能讓他繼續保有領先的優勢?

傳統 vs. 數位,差別在於讓消費者有所感受

就像《她最後去了相親角》這支短片,裡頭絲毫沒有提到 SK-II 的產品功能、不講特色、也沒提消費者利益點,但挖掘出「**目標對象**」(消費者)在生活上面臨的、或尚未被解決的困擾,然後比你的品牌競爭者早一步提出解決方案——讓消費者的生活變得更美好。這是近年來 P&G 集團旗下的品牌很愛使用的一種行銷方式。或者,你可以稱為「有意義的行銷」。

不論談到「剩女很光榮」,或是最新一波「再次追求夢想」,P&G 集團打得都是同一個路數,而且都圍繞在 SK-II 的行銷——改寫命運 #Change Destiny — 這個大概念之下發展。品牌「提出一個大概念,然後用創意延伸」,這不是什麼新穎的觀念,或者應該說,這是廣告行銷一直以來都會使用的手法。只是這個手法,在傳統與數位有顯著的差別:

傳統行銷	數位行銷
提出一個大概念	提出一個大概念
用創意延伸	用創意延伸
傳播一個想法	傳播一個想法
	引發討論
	提出解決方案,並且盡可能讓消費者感受到

數位行銷之所以會衍生出「引發討論、提出解決方案,讓消費者感受到」,很大的原因來自於網路、社群、自媒體與數位互動的特性。我們先大致看一下 SK-II 的運作概念:

SK-II 在 2015 年針對三百名亞洲女性進行「改寫命運調查」調查，結果顯示：四成以上女性認為，因年紀或起步太晚而無法追求夢想；五成的女性感覺命運從出生就受限；六成以上更認為，社會標準限制了發展可能；八成女性認為比男性更易受到老化影響，而缺乏改寫命運的決心。

在本書中你會發現，如 SK-II、多芬、Always（臺灣的好自在）等，許多大品牌都非常重視「田野調查」這個步驟。透過調查與研究，SK-II 認為自家品牌價值是可以重新被發展的，例如：喚醒女性改寫命運的自覺，鼓勵以實際行動，勇敢追求改變。最後就提出了「改變命運」這個新溝通訴求。

情感訴求，拓展新客層

說穿了，各個品牌之所以這樣做的目的，除了鞏固現有的忠實顧客之外，還希望能夠拓展年輕的新客層，最終還是跟**產品銷售**有關。只是 SK-II 不再像過去一樣，直白地講 Pitera 的妙處，而是從消費者在現實生活中的困擾跟情境出發，期望能夠「越活越年輕」的突破極限、打破 DNA 定律、改寫命運。

從三個層次，說同一個故事

到了數位時代，SK-II 不但改從情感面下手，而且很細膩的用了三個不同層次：

- 國際巨星（代言人）；
- 社會各領域的成功人士；
- 素人你我的共感議題。

從傳統的電視，橫跨到數位網路，SK-II 以「女性」來述說她們各自生命中改寫命運的故事。先來看代言人湯唯的「改寫命運」是怎麼說的：

每一分、每一秒，妳都可以改寫命運，
因為命運，它就在妳手上。
命運的好壞，不在運氣，而在於妳是否
能夠果敢選擇。
所以，不用介意別人的看法。

相信自己的力量，相信自己的選擇，
因為能夠決定妳人生的…就只有妳自己。
改寫命運，SK-II。

◀ SK-II 湯唯《改寫命運》影片。

如何？它是不是比過去只說產品特色的廣告，多了那麼一點溫度？但，你會不會覺得好像沒直接搔

到癢處！到底什麼是改寫命運？在我認同了這個觀點之後，會讓我的生命有什麼不同？沒關係，SK-II 還推出各領域共十二名成功人士，拍攝了她們改寫命運的真實故事。例如，其中讓我很有感的「華人 NO.1 聽障舞者林靖嵐」，在這則廣告中，主要訴說林靖嵐在先天重度聽障的條件下，如何不認命地靠著感受音樂的震波來克服先天障礙，進而改寫命運，成為臺灣第一聽障舞者的故事：

林靖嵐勉力用不純正的發音娓娓道來，她在學習舞蹈過程中，因為自己是聽障而遇到許多阻礙，教舞的老師們都不相信她可以學好舞蹈，這些扎評不但沒有打擊她的信心，反而給了她力量。有一天，她發現雙腳感受到地板傳遞來的震動，正是音樂的節拍時，只要她的腳步跟上，即使聽不見，努力不懈一樣可以跳好舞蹈。就是這個不願向命運低頭的心，而讓她改寫命運。

▲華人 NO.1 聽障舞者林靖嵐影片。

這影片震撼的程度是不是比湯唯篇更深刻了些！如果你還是覺得「那些只是別人的故事，跟我無關」，那你一定要看接下來的這部——《DREAM AGAIN 再次夢想》。現代人對於「長大後不再追夢」議題應該都很有感，在這支影片中，SK-II 先找幾位韓國成年女性談論「妳還記得自己小時候的夢想嗎？為何忘了？放棄了？」再由小女孩們的小小夢想顧問立場，鼓勵長大後的女性要相信自己、勇敢追夢的「再次夢想」。這部也是長達四分多鐘的廣告，同樣只在網路上播出。

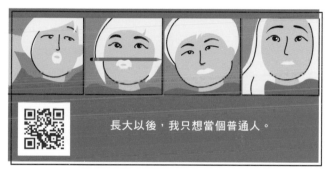

長大以後，我只想當個普通人。

▲SK-II 小小夢想顧問影片。

用三個層次、四個步驟，導引你接收信念，進而購買產品，

你發現了嗎？在第五十四頁圖表中的三個層次，從左（國際巨星）到右（素人），越左邊，越偏向品牌，在廣告呈現時，會多關照一點與產品相關的事；越右邊，越偏向消費者，則重視如何讓消費者變得更美好。

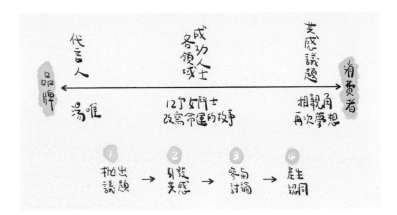

這樣的分工，就是 SK-II 在面對數位時代行銷的完整布局，同時兼顧了**品牌想說的話，以及消費者在意的話**。該品牌從左到右很有系統地傳遞「命運是可以被改變的，只要你願意採取行動」的概念。透過：

1. **品牌拋出議題；**
2. **引發消費者共感；**
3. **讓網友參與討論；**
4. **進而產生認同。**

品牌透過這趟過程，使更多消費者接受「達成夢想的第一步，就是相信自己做得到」這個信念。

此外，該品牌不只是善於傳播信念，更重要的是，它從一開始就緊扣產品銷售的用心。SK-II 選擇「改寫命運」這個大多數人都會面臨的狀況，作為

行銷訴求的主軸；不管你是國際巨星、或是升斗小民，只要是人，就會面臨生命中的難題，因此容易引起共鳴。

如果你受到這一連串溝通而有所啟發，但卻不知道怎麼開始？那麼 SK-II 告訴你最快又最簡單的方法，就是——使用我們的產品，因為它能改變你對肌膚的不滿。就像繼《改寫命運》系列廣告後，湯唯在翌年又拍攝了《一個決定，改寫了湯唯的命運》廣告，在影片中她告訴大家「六年後，再來重拍我的第一支青春露廣告，皮膚竟然好了那麼多」。

如果你願意身體力行開始改寫你的命運，就算你不買 SK-II 的產品也沒關係，至少你開始會喜歡這個品牌。這，就是 SK-II 面對數位時代仍繼續保有領先優勢的秘密。

# #

以前是品牌用一則廣告去跟消費者說：

我是怎樣的品牌。

但現在，是品牌必須做好一件事（或好多事），

消費者才有可能感受到你是怎樣的品牌。

讓消費者感受"體驗"，更勝過品牌的千言萬語

透過一張包裝紙，消費者能感受到什麼？

「為你量身製作的漢堡」源自於漢堡王四十年歷史（1974～1985；2002～2009）的品牌標語：「用你的方式享用」（Have it your way）。意思是，當我們走到全世界任何一家漢堡王，都可以依照自己的喜好，任意添加或減少配料。例如，我點了多加培根、吉士片和辣椒的雙層華堡；而我朋友點了多加洋蔥和番茄、不要酸黃瓜也不要吉士片的五層華堡，等等各種奇怪的組合方式，加幾片肉，漢堡王都隨你。

往年，漢堡王常用各種誇張的手法，作為行銷或公關話題，就像日本 Windows 7 上市的時候，曾與漢堡王異業結合，推出七層華堡[3]；臺灣漢堡王也曾推出相似的活動——無限加層犇牛堡。這個活動曾號召四十位民眾一起挑戰長九公尺，超過二十五公斤的八百一十二層漢堡，只是在開吃的四十分鐘後，參賽民眾就紛紛投降，最後只吃掉一半的漢堡。

在 2010 年，為了強調「用你的方式享用」這份專屬感，漢堡王把腦筋動到包裝紙上。漢堡王在櫃檯上方偷偷安置了攝影機，當顧客在點餐時，攝影機會先偷偷拍下他們的大頭照，隨後廚房人員用「印上顧客照片」的包裝紙包裝，讓消費者拿到世上獨一無二的漢堡。這個來自巴西漢堡王的創意[4]，現在看起來沒什麼厲害的案例，卻在當時贏得了許多廣告獎，而且只憑著一臺攝影機跟一臺印表機，營造出一種特別待遇跟意外驚喜，深深打動顧客的心！

過了幾年，美國漢堡王又把腦筋再一次動到包裝紙上。他們在 2014 年 6 月舊金山同志遊行期間，推出一款名為「驕傲華堡」套餐，這個套餐的價錢跟華堡一樣；但有哪些驕傲過人之處，竟然連收銀員都一問三不知。

當消費者點餐之後，他們會拿到一個具有同性戀意象的彩虹包裝紙的漢堡，顧客一邊猜測，這個漢堡是用了比較好的肉片？肥瘦比例不同？還是醬汁口味改良？等到咬下去之後才發現：「這不是平常的華堡嗎？」正當顧客發出疑問，只要把包裝紙攤開後，就可以發現上頭寫著：

我們內在都是一樣的！
We Are All The Same Inside

這句話給了同志遊行的參加者莫大鼓勵，其中一位受訪者還說：「雖然這只是一個漢堡，但它給我支持的感覺，讓我對自己感到驕傲。」

　　漢堡王將這則活動側拍影片放上網路，短短一週內就有超過七百萬人次觀看，許多人感動落淚，也被美國媒體大肆報導，據說還有些人把包裝紙摺起來，帶回家收藏。

▲驕傲華堡中文翻譯影片。

　　「驕傲華堡」在 2015 年獲得非常非常多的獎項，包括品牌形象塑造與企業社會責任類別的大獎。近幾年，漢堡王在社群議題策略方向有很大的轉換，舊時代的漢堡王喜歡展現強大的產品吸引力，似乎只要登高一呼，就能讓消費者搶破頭的這種品牌魅力。在第三章我們會提到「對不起，我們不賣華堡了！」整人實境秀，也獲得了近千萬次的瀏覽量；而「刪好友換漢堡」更是紅到讓 Facebook 官方跳出來干涉。另一方面，還有國王的惡搞行銷，加上誇張吃肉的超大份量漢堡等等。這幾個行銷策略的共通點都是：漢堡王以美味食物的供給者自居，針對大食怪、男性、年輕族群來做行銷。

　　只是這次，從包裝紙跟同性戀議題著手的活動，代表漢堡王試圖轉換形象，對消費者的溝通語調，也從情緒或味覺上的挑逗、誇張式的吸眼球、略嫌刻意的創造分享條件，改為溝通內心情感，更巧妙地利用「同性戀」

這個在前幾年還被大多數品牌視為禁忌的敏感議題。

沒想到在「驕傲華堡」活動的隔年，美國最高法院宣布同志婚姻在全國五十州都合法（2015 年 6 月 26 日），白宮粉絲專頁換上「彩虹白宮」大頭貼；總統歐巴馬也在第一時間發出一句「真愛致勝」（love just won）獲得眾網友支持，美國成為全球第二十個同志婚姻全面合法的國家。

荷蘭航空的送禮哲學

另一個非常善用讓消費者感受到自身想說的話的品牌，就是「荷蘭航空」（KLM）。

「送禮是個大學問」，這句話我想沒有人會否認；禮，不一定要價值連城，但一定要送得好、送得巧、甚至送到心坎裡，這可不是個簡單的任務。送禮給至親好友，尚且需要對每個受禮人有一定程度的認識與瞭解，才能送得恰到好處，更何況是面對千千萬萬消費者的品牌，這個送禮的困難度就更高了。

在眾多品牌之中，荷蘭航空提出了一項不一樣的思維，透過協助解決消費者個人當前的困擾來收攏人心，他送的也許不一定是實體的禮物，但送出的每個「協助」，都深入人心，非常值得身處數位時代的我們，一探究竟。

2014 年 10 月 13 至 17 日這個星期，荷蘭航空舉辦了一個「樂於助人」（Happy to Help）活動。在這段時間只要跟飛航旅行有關，不管你在哪裡、搭乘哪個航班、是不是荷蘭航空的乘客，他們都會想盡辦法來協助你，幫你解決你的難題，而且盡可能服務越多人越好。例如：

● 忘了帶護照？荷蘭航空會載你回家拿；
● 在道路上遇到塞車，趕不上紐約甘迺迪機場的航班？荷蘭航空租了一輛快艇[5]，帶你改走河道，從哈德遜河飛奔前往；
● 或是過境短暫停留？荷蘭航空準備了兩小時的免費 City Tour[6]，帶你一覽阿姆斯特丹的城市美景。

這些讓你驚喜，又是你正需要的「禮物」，荷蘭航空是怎麼做到的？

戰情中心的傾聽 + 客服人員的快速回應 + 腦力激盪的解決方案

　　荷蘭航空在阿姆斯特丹機場設了一個玻璃屋的「戰情中心」，連結全球主要機場，並集合了二百五十位專員，以二十四小時待命執行全球旅客指派的「任務」。任何人不管搭乘什麼航班，只要用 Twitter 發送，與這期間內飛航旅行有關的訊息，就會被收集到戰情中心，以各式各樣像是：食物、登機、免稅或是電壓，等等關鍵字的問題加以分類，用一整面的螢幕牆呈現出來，再交由人員處理，除了透過虛擬的網路，加上 #HappyToHelp 回覆解決方案之外，也可能是實體的接觸，由地勤人員親自到你面前送上「禮物」。

　　舉下面的例子，來看看他們運作的方式：

有一位叫 Jill 的網友在網路上抱怨
「天啊，飛機要 delay 五個小時」，
荷蘭航空：「是搭我們的航班嗎？」
Jill：「很抱歉，不是」

　　於此同時荷蘭航空透過 Jill 過去的 PO 文發現，她是荷蘭男孩團體 B-Brave[7] 的鐵桿粉絲，於是荷蘭航空偷偷找來 B-Brave 主唱 Dioni 錄製了一段影片：「Hi！我是 B-Brave 的 Dioni，聽說妳的飛機誤點了……」的留言要送給 Jill。如果你是當事人，收到這個送到心坎裡的禮物，會有什麼反應？

　　戰情中心的專員，部分人員負責過濾網友的問題，如果可以快速解決的便馬上解決。例如：有人要趕一大早的航班，他們就送上 morning call 的服務；或是想知道鴨賞可不可帶去美國，就送上相關的解答……這類普遍發生，而事先已經預想好方案或可以快速解決的訊息，就立即回覆。

◀網友要趕早上 8 點的班機，荷蘭航空回覆：「需要我打電話叫你起床？」夠貼心吧！

　　如果旅客的問題比較複雜，而必須客製化，就交由客服人員與廣告代理商組成的動腦大隊，想出可被立即執行的解決方案，可能是拍支影片用 Twitter 回覆，或是交由當地機場地勤執行，例如：有人要出國度蜜月，就派人到機場迎接這對新人，然後用機場內的接駁小車，綁上「新婚」的牌子，送這甜蜜的兩人到登機門[8]；或是不知如何打包高跟鞋，荷蘭航空就送上「打包高跟鞋的三個祕訣」[9]影片連結……等等。

　　當然，荷蘭航空也沒忘了把這樣貼心的服務，透過側拍來記錄這些有趣的事件，並將影片放到網路上[10]，讓更多沒有機會在活動期間實際感受到的消費者知道：「荷蘭航空的服務，有多麼的貼心」。

為什麼要對非自家客群提供服務？

　　在此案例中，我要說的是：**瞭解需求**，就容易送對禮。荷蘭航空透過瞭解消費者後，提出相對應的服務，禮輕但情意重。這種類似「一對一」的服務境界，在以前是不容易做到的。在過去，傾聽心聲的成本非常高昂。但到了數位時代之後，相對的成本就變得低了許多；只要品牌願意傾聽，網友們有一大堆的心聲隨時都會 PO 在網路上，而現今也有許多工具可以自動化幫你歸納整理。只是在聽完這些心聲之後，你要如何採取行動，這才是重點。

　　這一整套的循環是：**監聽 + 回應 + 實體服務 + 側拍影片 + 網站彙整**。

　　你可以把它想成是一個「告訴消費者荷蘭航空服務有多好」的系列廣告影片。他的行銷任務，其實跟拍一部宣傳影片非常類似。只是你覺得，品牌用拍一部或一系列廣告，在電視上呼口號就想要打發消費者的招式，在**現在**還有效嗎？

　　荷蘭航空從瞭解需求、即時回應、客製化服務、整合實體虛擬，到完成了整個體驗之後，表面上只是**少數人**直接得到好處；然而卻經由這少數人的實例，見證並且擴散了荷蘭航空想要傳遞的訊息，這，才是面對數位時代，品牌應有的思維。行銷呈現也更符合現代人樂於接收訊息的方式。

# #

實體體驗是為了虛擬網路而存在，
所呈現的「感染力」比「現場接觸多少人」更重要。

_____

除了聘請一位小編，
你其實更需要的是……

你的品牌曾錯失過類似這樣的行銷機會嗎？當有人因為天氣熱到爆，冷氣又不給力的壞了，他在網路上發問：「我今天『就要』一臺新冷氣，預算三萬」。如果，你能比其他品牌更快得知此訊息，並做好反應，甚至在六小時內就幫他裝好一臺新冷氣，你覺得這名網友會不會主動替你的品牌粉絲專頁按下一堆讚！？

如果品牌可以順利掌握這樣的社群訊息，代表的是，絕對不只是對這位網友銷售一臺冷氣，而是我們有能力創造出**「消費者接觸點」**與**「品牌見證」**，讓消費者獲得與其他品牌截然不同的感受。

以前是品牌用一則廣告去跟消費者說：「我是怎樣的品牌。」但現在，是品牌必須做好一件事（或好多事），消費者才有可能**感受**到你是怎樣的品牌。

即使是全球領先的品牌，都在設法搏得消費者的注意：「讓我哭、讓我笑、讓我感動……」否則我們日常生活裡頭有那麼多事要做，有那麼多好玩有趣的東西在網路上可以看，消費者何必花時間參與品牌的行銷活動？

不可思議的聖誕禮物

很多品牌都做過促銷，像是優惠券、抽獎、買一送一等等；或者我們應該換句話說：現在哪個品牌沒有玩過促銷？雖然偶爾也會見到賓士車或是百萬獎金，但品牌行銷部門通常會為了獎品預算而斤斤計較，送出幾杯，優惠券幾張，或是挑選 iPhone、iPad、東京來回機票這種沒什麼創意，卻低失誤率的獎品。

在某年聖誕前夕，「西捷航空」（WestJet）[11] 在候機室做了一個「即時」許願裝置，這可以說是荷蘭航空戰情中心的迷你簡化版：一個電視螢幕＋網路攝影機。在候機室裡的乘客可以對著螢幕內的聖誕老公公許願，說出一個禮物，嗯，什麼願望都可以！但，如果太離譜到想要飛到火星，或某位阿宅大哥想要一個超級名模陪過夜這種，聖誕老公公會靠一些幽默機智的方式，帶這些旅客回到地球。

在這些旅客之中，小女孩想要一個玩具熊，體型高大的男生想要一份熱騰騰的高價牛排，還有人想要一臺售價不斐的 LCD 電視。這真的能辦到嗎？沒想到，當旅客乘著飛機抵達目的地的時候，當時在候機室許下的願望與禮物，全都已經打包好，並貼上旅客的姓名，跟著行李轉盤被運送出來。這很讓人驚訝對不對，這份聖誕驚喜的場面，隨著 LCD 電

視緩緩地出現而達到高潮。

「哇！早知道就許願一臺 PS4 了！」青少年懊悔的說。

「不可能！這就是我想要的平板電腦！」小男孩驚呼。

▲ 機場行李轉盤送出一個個許願的商品。

這些意外的驚喜感，是旅客還在航班上飛行的時候，在終點站那頭的地勤員工費心安排好的。當旅客在聖誕夜搭機返鄉，的確會讓人倍感辛苦，但是西捷航空用一份驚喜，讓消費者獲得無比的溫暖和感動。

記得第一章「不可思議神事件」的步驟嗎？

● 一個看似荒謬的許願活動（可能沒幾個人會把這件事當真吧？）

● 神解答，每個人都拿到產品，

- 眾人拍案叫絕，驚訝連連，
- 網路快速擴散分享！

我們並不認為西捷航空太有錢、太有預算了，因為價格再高昂的大型電視，外加另外一百多人的禮物，其總金額或許得花費上百萬臺幣，但這則影片的觀看人次共有四千八百萬次以上，早就遠遠超過獎品的投資金額。

另一方面，西捷航空在本次活動中送出了兩百份禮物，表面上只有兩百位乘客獲益；但西捷航空公司的溝通目標其實是廣大網友，並不只是為了討好當天搭乘自家航班的那些乘客。拿到禮物也並不是行銷旅程的終點，而是被剪輯成影片之後，在 YouTube 跟各大社群平臺上傳播。

這是新數位世代的行銷思維，有時候雖然無法保證效果，但如果成功了，就可能是我們花上大筆的廣告費用都不一定能換到的效益。以往的行銷規劃當中，我們總是會預估每一次行銷費用的投資報酬率（Return On Investment，簡稱 ROI），也常常在各項費用上斤斤計較。但是，倘若西捷航空沒有稍微冒一點風險，怎麼可能創造出巨大的分享率！

創造「以消費者為中心」的情境——「什麼都沒說，反而說更多」的奧妙

你應該看過展覽吧！特別是那些消費性的展覽：美食、汽車、或是旅遊展……。在現場，不但有便宜可以撿、又有一堆免費的東西可以拿，只要參加過的人，無不人人「傳單、貼紙、二維條碼 QR code」拿滿一手，來做為拉攏生意、推廣自家產品的展場必備三大法寶。但絕大部分都會被我們丟到垃圾桶裡！

「泰國旅遊局」（Tourism Authority of Thailand），為了向中國人推廣泰國觀光，參加了在上海舉辦的旅遊展覽會。為了要跟來自世界各地的競爭者一搏上海人的眼球，泰國觀光局選擇了最傳統、也最被廣為使用的工具「傳單」來行銷自己，只是這張傳單，沒有寫滿華麗辭藻的宣傳文字、沒有引發思古幽情的歷史文化、更沒有讓人食指大動的美食照片，就是一張簡簡單單，什麼都沒說的「紋身貼紙」！

這原本毫不起眼、司空見慣的東西，卻因為一個觀念的轉換，加上絕妙的創意巧思，重新組合出一個讓你我願意多看一眼、甚至進一步想要看更多的小奇兵。

不只是「傳單」，還是 QR Code

　　透過一系列具有泰國意象，像是：泰拳、嘟嘟車、泰式按摩，等等的紋身貼紙在展場上發送。這張貼紙除了設計精美的讓人願意留下來之外，如果想用它來傳遞訊息，功能就不能只是張什麼資訊都沒有的貼紙而已。

　　事實上，它讓人能夠進一步接受到訊息的大絕招就在於，它不只是一張美美的紋身貼紙，也是一個像 QR Code 一樣可以被掃瞄的圖案！說它是 QR Code 其實有點不精準，更正確的說法應該是，它運用了「圖像辨識」的技術，只要用手機對應的軟體對著貼紙拍照，每一個紋身的圖案，都可以分別被導引到與貼紙內容相關的網頁。例如：掃描「泰拳」貼紙，就會看到與泰拳相關的內容，透過不同面向的精彩故事影片，引發你想要去泰國旅遊的欲望。

▲ 紋身貼紙案例影片。

這個案例的成功關鍵仍是在於——**說消費者在意的話，而不只是品牌想說的話。**

我們都知道，為了要達成溝通的目的，必須先讓對方「認同你」。在讓消費者認同之前，必須知道自身有哪些特色可以滿足他們；所以，我們總是想辦法在第一時間，把產品特色一股腦的說給消費者聽；但弔詭的是，當我們是顧客時，面臨太多資訊可以選擇，我們一開始在意的卻是：「能不能引起我的注意就好？而不是那一大堆你想告訴我的內容」。

紋身貼紙成功的地方，不在這些工具本身上，而是因為把「消費者」放在第一位的思維轉換。泰國觀光局透過以下三個步驟來提高效益的方法，值得學習：

1. 與眾不同又有相關性的傳單先讓大眾喜歡；
2. 進而引起注意，想要進一步的瞭解更多；
3. 因為新奇而創造分享。

如果不是因為這張貼紙經過精心設計，精美的讓人想要擁有，試問有幾個消費者願意平白無故地把品牌 Logo 貼在身上，幫你無條件宣傳？

所以，寧可多花點預算、多給點創意費，讓設計出的「傳單」值得被顧客「留下」，就算只是一包面紙或是一把扇子，也比為了省小錢，寫了一堆你以為想說的話，卻成為「被丟掉一點都不可惜的垃圾傳單」來得有意義。

> 表面上，這張新奇的「傳單」，除了泰國的象徵圖形之外，完全沒有傳統上傳單應有的資訊，你以為什麼都沒說，卻因為先想到如何討好使用者，利用有趣的工具「掃瞄圖形」引發興趣，反而贏得你主動想要瞭解更多的溝通目的。

這，不正是「什麼都沒說，反而說更多」的奧妙嗎！

「只」對一個顧客說話，反而產生群體的說服力

另一個轉變思維「以使用者為中心」的例子，是來自德國的連鎖折扣超市 Lidl。這個超市品牌在瑞典開了超過一百五十家分店，裡頭販售了許多來自德國的商品，特別是那些自有品牌。

問題來了，許多瑞典人都認為 Lidl 的自有品牌 Angens 鮮奶乳源也是來自德國，這可違反了瑞典人「喝鮮奶，當然要喝在地新鮮的瑞典牛產的啊，不然要喝什麼？」的習慣，所以，大家都不愛買 Angens 鮮奶。但其實大家都錯怪他了，Angens 鮮奶的乳源

是正港瑞典貨啊。

有一位網友 Bosse Elfgren 就是這麼錯的理直氣壯，然後在 Lidl 粉絲專頁上留言：

我是傻了，還是怎樣，為什麼我要買 Lidl 超市的德國鮮奶？

 Bosse Elfgren Varför ska jag köpa tysk mjölk?
den 4 oktober kl. 18:57 · Gilla · 👍 7

而 Lidl 超市處理顧客成見的方法，就是跟你想的不一樣！

許多品牌都有類似「覺得被消費者冤枉」的遭遇，總覺得自己有理說不清，而大部份在處理這類問題最常見的方式，就是正正經經拍部廣告，辦個記者會，也不管消費者信不信，反正就大聲地自說自話，並以此來端正視聽。例如林鳳營面對消費者抵制拒買的危機時，除了推出特殊折扣，來個流血下殺之外，還特別拍攝了一支廣告，描述「酪農認真生產牛奶，好牛奶，為什麼不買？」試圖挽回消費者的信任感。

與其選擇消費者存疑的方式來為自己辯護，Lidl 超市卻是借力使力，利用這名網友的抱怨，把一則

小小的 Facebook 留言，變成一個大大的行銷創意，企圖用「真有其人，真有其事」的真實，而不是用疲勞轟炸來說服消費者。

在接到網友留言後不到一個月的時間內，Lidl 超市就提出對策，不但在 Angens 鮮奶外盒冠上那個抱怨的消費者姓名「Bosse」，甚至將 Angens 的品牌改名為「Bosse 鮮奶」，還替換了原本包裝的設計，改印上 Bosse 的頭像，並在全瑞典上架販售。隨後在 Bosse 留言下回覆了這段話：

嗨 Bosse，認為 Lidl 超市只賣來自國外的鮮奶，是很常見的偏見。但你會發現，其實我們的自有鮮奶品牌 Agnens 就是產自瑞典農場，我們特別為了你推出了這個版本，趕快行動哦！

這樣還沒完，Lidl 超市還製作了報紙、戶外看板以及電視廣告，甚至為了怕以上這些媒體 Bosse 都沒看到，還下重本的用飛機拖著寫著：「Bosse，我們其實有瑞典鮮奶」的布條標語在他家四周不斷繞行！

一次看似只對一個使用者說話，但其實更有說服力！表面上 Lidl 超市好像用大砲打小鳥，只為了一句 Facebook 上的留言抱怨，就改掉品牌名、改換包裝、拍攝廣告……，這麼做似乎不符比例原則。但

再仔細想想，如果目的都是為了宣傳「在地新鮮」這件事，那麼「拍個廣告自說自話 vs. 藉由解決一個消費者的疑慮」，哪一個比較有說服力？

　　所以請想想，你在傳遞一個產品訊息，還是解決一個使用者的困擾？這個例子最厲害的地方在於，如果你走在賣場，就算你從來沒看過這系列的廣告宣傳，也很難不被這瓶與眾不同的鮮奶包裝所吸引；當你拿起鮮奶盒並閱讀完文字後，雖然我們都不是 Bosse 本人，但都會覺得 Lidl 超市的作法實在太有趣了。同時也能感受到這個品牌在面對消費者質疑時的「誠意」，因為 Lidl 超市讓品牌回到了**以人為中心**，認真解決「一個使用者」的困擾，這種對著一個人說故事的方法，我們反而更聽得進去，也更吸引人得多。

　　正因為 Lidl 超市不是在傳遞產品訊息，而是在說一個有血有肉的人、一個真實的故事，才因此創造了一個大家願意分享的情節。否則，市面上從來都不缺產地直送的鮮乳，什麼時候我們會想要關心過它？因為：**創意讓人感動的從來就不是產品，而是人！**

▲Lidl 超市 Bosse 鮮奶案例影片。

# #

想想，你的廣告是在傳遞一個產品的訊息，
還是解決一個使用者的困擾？

以消費者為中心，而不是你賣什麼東西。

好創意，讓你順手就能回收舊衣

你有過回收舊衣服的經驗嗎？你知道這些舊衣服都被怎麼處理，最後到哪兒去了，是哪個受贈單位或是哪些人受惠。回收的整個過程你都清楚嗎？也滿意嗎？

為了寫這篇文章，我特地去搜尋了一下我到底把衣物捐給了誰？才發現原來「臺北市核准的舊衣回收有超過四十個單位，一千三百個回收箱！」[12] 驚！這個密度大概只有便利商店可比擬吧！是大家都這麼有愛心，還是……？

我想可能許多人都跟我一樣，選擇捐贈的標準很簡單，就是離家裡最近的那個回收箱。這樣的行為，說好聽，叫不挑，難聽，就叫管它衣服去那兒，只要把衣服清掉就好的漠不關心。只是這樣對嗎？難道沒有更好的做法嗎？

「舊的不去，新的不來」這套概念是 The Rag Bag（回收袋）[13] 案例最佳描述。瑞典一家新創服飾品牌 Uniforms for the Dedicated [14]，為了鼓勵大家把家裡的舊衣回收，設計了一個可以直接幫你回收舊衣的購物袋。使用方法很簡單，不管大小品牌的服飾，又或是在貴婦百貨或是路邊攤買東西，店家都會附給你一個提袋；只是 Uniforms for the Dedicated 給的提袋很不一樣，只要把它從內到外翻過來之後，

提袋就變成了一個已付回郵，而且還可選擇受贈單位的回收舊衣袋，你可以把想捐贈的衣服放進去、然後寄出，就 OK 了。這是不是簡單到讓你想發出「靠！為什麼我沒想到」的讚嘆！

消費者才是主角，不要吝於把榮耀歸給他們

在挪威的基督教救世軍（Salvation Army）經營了一個二手衣連鎖品牌：Fretex [15]。它成立於 1905 年，在挪威有四十三家門市，在 2012 年利用奧斯陸時尚週期間，提出了一個很有趣的概念來鼓勵大家多捐衣。

由於 Fretex 販售的都是二手衣，也就是一般人眼中的過季商品，這本來是個說不上嘴的優勢，但 Fretex 很巧妙地轉移這個印象：

> 我們下一季的流行服飾，就是你現在穿的衣服。

這句話，不但瞬間就把二手衣的劣勢變成優勢，而且設計了一個活動，煞有其事的讓路人當 model「走上」伸展臺，配上走秀音樂，用你的 Style 展示你的風格來強化這個印象。Fretex 把奧斯陸的主要地鐵站出口，布置得美侖美煥，像個走秀現場般舖上長長的地毯，還特地安排了數十位專業的看秀名媛

坐在出口兩旁。當你一如往常的從地鐵站走出來，還沒反應過來怎麼回事時，這群「看秀的觀眾」會給你大大的掌聲，那種感覺又驚又喜，害羞中還帶有一點點的爽！

你看，Fretex 是不是一下子就把二手衣過季的形象，變成「內行就懂得欣賞」的潮流，而且更經濟，更環保，不但鼓勵了大家多捐衣，也塑造了「可以在 Fretex 淘到上一季的寶」的印象。

關照到不同角度的想法，結果就會不一樣

Shorashim 是以色列的一個公益團體，專門幫助獨居老人，在特定的時節提供他們食物與關懷。公益組織都需要捐款與有愛心的自願者，Shorashim 想到了一個可以引起年輕人注意，又不會傷了老人家自尊的方法 "Donate with Style"[16] ——把老人家不要的舊衣服，變成最潮的復古流行。

大部分公益單位都是鼓勵民眾捐贈衣物給需要的人；但以色列 Shorashim 公益團體，卻反過來，讓「受贈者」（需要被捐贈的人）捐出不要的衣服，來換取他們所需的資源。Shorashim 與服飾品牌 Roots 合作，將這些不合乎潮流的舊衣服，在經過設計師的巧手改造，成為年輕人追求復古時尚的服飾；除此之外，還找來模特兒拍攝型錄，並放在網路上陳列

與銷售，再將販售再造二手衣物的所得，全數捐出來換成老人們所需要的援助，來達到幫助這群獨居老人的初始目的。

▲改造後，老先生的舊襯衫成了年輕人的復古時尚。

從使用者需求出發，才是王道

我相信大部份人在處理舊衣回收時，都是帶著多重目的：

- 為了把家中舊愛出清，騰出空間裝進新歡；
- 為了做善事，幫助需要幫助的單位或是人；
- 亦或因為愛地球，不想製造多的垃圾，讓自己不需要的衣物能夠再被利用……。

就因為舊衣回收佔盡了上列的三大優勢，就算回收單位不懂行銷、不需賣力推廣，就能收到源源不絕「貨源」，臺灣如此，國外難道不是？但為什麼同樣的東西，做出來卻差這麼多？

不管臺灣或是國外，有很多具有相同優勢，結果卻大逕相庭的品牌，其中最根本的差異就在於：**是不是從使用者需求出發。**

但，如果你的品牌沒有讓消費者會自動送上門的優勢，不妨學學前面提到的這些案例，即便佔盡便宜，也知道力求改進，以「使用者」為中心的這件事，不過就是幫消費者著想、如何減少麻煩、簡化步驟、或是發掘使用者為什麼要這樣，為什麼不那樣的洞察。

一切的源頭，都在「滿足使用者需求」身上。這是句人人都懂，卻最容易被大家忘記的廢話。如果你參加過「討論的不是消費者行為，而是我們的產品有什麼功能，要訴求什麼，競品賣多少錢，說了一堆，最後卻連消費者是誰都搞不清楚」的行銷會議，你就會懂我的意思了。

繼續落實：把消費者放在第一位

品牌想要落實「把消費者放在第一位」，也可以設法幫助消費者，讓他們的生活變得更美好。再舉兩個例子給大家參考：

傳統刮鬍刀品牌 Wilkinson Sword[17]，在一個你想都沒想過可以用來推廣刮鬍刀的時機——情人節——推出了一個令消費者感動的活動。這個品牌在戶外設立了一個大型看板，上頭印上一個布滿鬍渣的男人的下半張臉。

當你走在廣場上，很難不被這巨大看板所吸引；你好奇走近，觸碰並抽出這一根根看似惹人嫌、會扎人的鬍鬚，這才發現，底下藏著的其實是一朵朵代表愛情、含苞待放的玫瑰。你的心，是不是感覺到暖暖的。請再想像一下，如果在這時侯，順手將這朵玫瑰送給你身旁的另一半或是你在意的人，是不是立馬就能擄獲美人的芳心呢！

這幅巨大的看板廣告提醒廣大的男士們：「在情人節這天，可別帶著滿臉鬍渣去『刺痛』你的愛人啊！」Wilkinson Sword 不但可以還你光滑的面容，還可以幫你融化另一半的心，看看這有多貼心啊。

傳統上，我們一直認為刮鬍刀與「父親節」的關係比較近，卻鮮少聯想到情人節，這正是因為我們常忘了要站在「消費者」的立場思考。只先想到銷售的結果，就會讓自己先陷入傳統規矩設限的框架。

我相信大多數的消費者，其實並不那麼在乎刮鬍刀是三刀頭還是四刀頭，而是「品牌，你到底是不

是真的在乎**我**」；還是，你只是要我口袋裡的錢而已！

　　另外一個例子，則是以「敢於溫柔」（dare to be tender）訴求聞名的德國巧克力品牌 Milka。

　　正常版的 Milka 塊狀巧克力，是一大片切割成二十個小方塊，當你需要食用時再一塊塊地掰開來吃。這個「最後一塊」（Last Square）的版本，則是一樣的售價，內容物卻只有十九小塊的巧克力！？少掉的那一塊，不是生產上的瑕疵，也不是被偷吃了，而是為了完成「最後一塊巧克力，只留給你最在意的人」的實體體驗。在外包裝上，Milka 已經先告訴你「留了一塊巧克力，幫助你實踐諾言」這樣的訊息。當你拆開包裝後，除了看見缺了一角的巧克力之外，還有一個獨一無二的代碼。只要你登入活動網頁，輸入你在意的人的名字、地址，並且留言，Milka 就會幫你把原本就屬於你的那一小塊巧克力，寄給對方！

　　這是個從產品本身就傳遞品牌信念的做法，只是過去我們往往透過 Slogan、廣告……等，只讓消費者想像，而不是真的體驗。Milka 的最後一塊活動，不只帶給使用者有趣的感受，更創造了另一個人的驚喜，這才是其精彩之處；而且完整一片巧克力卻少一塊，比賣給你完整商品後再多幫你寄一塊給對方的做法，更貼近 "dare to be tender" 的意涵。

　　如果是你收到來自朋友的 Milka 巧克力，你會不會想要把它拍照、PO 上網？這，就是為什麼 Milka 甘願修改產線、製作客製化的卡片、郵寄給消費者，等等看似增加作業以及成本的自找麻煩，反而成了為品牌賺進更多的關鍵。

▲ Milka Last Square 影片。

創造被分享的可能

到了數位時代，品牌除了以消費者為中心、說消費者在意的話，並且盡可能地讓他們感受到之外，另一個重點，就是為你的訊息創造**被分享**的可能。我們來看看幾個善用社群力量，利用創意讓消費者忍不住想要分享的案例。

如果有人跟你說：「你不需要在全美年度收視率最高的時段播廣告，卻可以讓觀眾在看廣告的同時，不斷想到你的品牌。」你一定覺得，天底下哪有這等好事？但，瑞典汽車品牌 Volvo 舉辦的 "The Greatest Interception Ever" 活動，就真的做到了！

Volvo 在 2015 年的美式足球超級盃期間，使出了一個大絕招。他先在超級盃比賽的前幾天，在電視上播出了以下文字說明的廣告：

在 2 月 1 號觀看超級盃比賽的同時，你將會看見許多汽車品牌廣告。但，你不會看到 Volvo。取而代之的是，我們邀請你一起參與史上最棒的「攔截」事件，利用其他汽車品牌的廣告播出時候，給你一個獲得 Volvo 汽車的機會；把它送給你最在乎的人，不管是你的老爸、妹妹或是另一半，當你看到任何一個汽車廣告播出的同時，只要發送 Twitter，寫上他們的名字，加上關鍵字 #VolvoContest，並告訴我們為什麼他值得擁有 Volvo，你就有機會得到一輛全新 XC60。當別的汽車品牌想要你瞭解他們性能及配備的時候，我們只在乎「誰在你生命中佔了重要的位置」。你想把這輛 Volvo 送給誰？

如何？Volvo 是不是很巧妙地搭了其他汽車品牌的順風車，而且活動簡單易懂，又符合現代人看電視的同時，手機也不離手的特性。藉由觀眾在廣告期間，會將注意力從電視轉移到手機上「發發幾則剛剛看比賽的心得，或是滑看朋友的發言」的習慣，以其他品牌在電視上的廣告當作觸發點，引導網友在 Twitter 上創造擴散的可能。

如果你瞭解到超級盃期間，各大品牌擠破頭的投入每三十秒的廣告預算，相當於臺幣一‧四億，在賽程期間一共有六十一部廣告，其中就有十二部是汽車品牌。而 Volvo 關鍵字從開賽到比賽結束，在每次汽車廣告播出的時候，就順勢一路隨之飆升，你就會知道「沒有投入一毛錢在超級盃廣告的 Volvo，在這一票賺得有多大了！」

影音行銷＋社群媒體接力

對於遠在臺灣的我們，這個案例值得學習的，不在於讓你偷學一招吃別人豆腐的方法，而是「影音行銷＋社群媒體接力來擴大影響力」才是重點。

電視廣告的成效日趨下滑，已經是個不爭的事實；但影音行銷，非但沒有因為這個現象而退潮，反而變得越來越靈活，內容形式跟載體也變得更多元，其中與社群媒體的結合，是讓影音行銷可以跨出電視以外的一大關鍵。

傳統的電視廣告想在社群上被分享，機會一直以來都不高，除非難得一見、影像驚人、或是內容強到爆炸，不然通常我們不喜歡在社群媒體上分享「純廣告影片」，因為你我又沒有拿到代言費，幹嘛平白幫品牌做好事啊。然而這也使得各大品牌「窮則變，變則通」，造就近幾年影音行銷「廣告越來越不像廣告」的原因之一。

但這不表示傳統 PUSH 產品訊息的電視廣告，沒有存在的價值，重點在於你有沒有**轉變思維**，結合網路來擴大效應。

在過去，電視廣告與網路的合作，我們只要完成「短秒數廣告在電視上播放，然後吸引網友進到網路看長秒數」的任務，各品牌主與行銷操作人員就覺得好棒棒！但現在的關鍵點已經變成是：**不再只**是讓相同的訊息在不同的載體上出現就完事，而是**因應不同的媒體特性，傳遞不一樣的訊息，透過接力的方式，完成品牌溝通的任務。**

Volvo 在超級盃期間舉辦的活動，就是十分典型符合上述「影音行銷＋社群接力」觀念的範例。活動開始前的宣傳影片是個標準廣告，用意是告訴你活動方式；他不是要你上網繼續看更多影片這麼無趣，而是設計一個與品牌更深入交流的體驗來接棒。而這個體驗，必須可以創造社群上願意傳遞來傳遞去參與活動的訊息。

Volvo 的做法，以一個「與我有關」（講消費者在意的，而不是品牌想說的）議題：他要你送輛車給你在乎的人。一次至少打動兩個消費者，高招！

這樣的做法讓活動不只是一個停留在促銷的層次，它還傳遞了品牌「以人為始」的信念。而這個因為「與我有關」的核心，是活動能不能在社群上擴大的關鍵：就像……當你發送推文，Tag 你想送車的對象後，你身邊看到此訊息的親朋好友們，會不會按讚？被你送禮的人會不會也想回禮，Tag 你來「回報」一下、也送你一輛車？

所以，別再叫大家看電視廣告後上網按讚分享、繼續看完影片就滿足了，而是要創造一個適合社群媒體特性，可以**繼續接續下去**的議題，讓消費者願

意花更多的時間和品牌在一起。

讓消費者開心，自然願意花時間跟你在一起

你有沒有參與過一個網路活動，不管你得到什麼樣的獎品，都會讓你笑開懷？安全帽是海綿做的、唐詩是莎士比亞寫的、人字拖是沒有人的，這些讓人笑到彎腰的獎品不但人人都有，而且還多到數不清！更重要的是，這不是國外的行銷案例，而是臺灣土生土長的 Case。

Oreo 這個老牌餅乾，向來以「黑」著稱，兩片黑色巧克力餅皮中間夾著甜死人的白奶油，我年紀大了，一次只能吃一塊，吃多了總覺得自己會被螞蟻搬走。或許卡夫食品也發現了這個問題，於是在 2011 年推出比較不甜的香草口味——金奇奧利奧。

為了推廣這個有別於大家印象中就該是黑色的 Oreo，金奇奧利奧決定要給大家一個「驚奇」，在 Facebook 上舉辦了「Oreo 金奇禮物換不換」活動。

活動概念非常簡單，只要你登入 Facebook 後同意授權便可加入遊戲；加入後便可得到一個禮物，然後你可以任選已經參加遊戲的兩個人（其中一個可以是自己，也可以不是），系統就會無條件的交換這兩個人的禮物，你挑選換禮物的人並不限定是你 Facebook 上的朋友，任何人都行，每十二個小時可以產生一次換禮物的機會。

有趣的是，你並不知道對方的禮物是什麼，而且你可以選人也可以被選。但無論如何是哪種交換方式，雙方都沒有拒絕的條件，所以有可能換得或是被換走最大獎的 iPad 2，也可能像我拿到個毫無用處的「瓦楞紙防彈背心」。

事實上，我剛登入這個活動後拿到的是 7-11 的一百元禮券，卻因為自己假掰地想跟別人換禮物，對象還特地選了身穿比基尼的辣妹，想說買賣不成，還可以交個朋友，結果卻換來了「蛙鞋連身吊帶褲」，你說我能就此罷休，能不繼續踏上換下去之路嗎？（一下午整個辦公室沒有人拿到同樣禮物，而且統統是會讓人笑掉大牙的囧產品。包括：姑蘇城外哀鳳寺、控固力面膜、阿姑的吻、封箱膠帶除毛貼……）。就算拿到一個破爛獎，因為有梗的產品名稱，反而讓你比拿到一個市值百元的贈品更開心。

這個活動還設計了一個 gaming 的條件，如果你不想苦等十二小時才能再交換一次，你可以把這個活動推薦給你的 Facebook 朋友，就可以獲得一個「縮短等待」的驚喜，有可能是直接進入交換，或是縮短成三小時不等（連這個都埋了驚奇的趣味）。

為什麼我極力推崇這個活動：

理由之一：不預期的驚喜，向來是讓人開心的良方。活動過程中又加入了互換禮物的樂趣，不論你手上的獎品有多爛，都讓你對未來充滿希望與期待。當然如果你已經拿到大獎，還能額外享受到「擔心被別人換走」的刺激。過程裡讓人忍不住的一玩再玩，我相信這是少數網友重複參與度極高的活動；

理由之二：活動設計的非常 engage，讓參與活動的網友們不是為了得獎而來，而是為了好玩而參與，就算只是拿到個「三十三尾吻仔魚」都很開心，因為畢竟只有少數幸運兒可以得大獎，所以讓參與者拿不拿獎變得不重要，好不好玩才是重點；

理由之三：「分享」的設定，讓活動更容易擴散。因為你想要縮短等待交換禮物的時間，這會讓你主動地把活動分享給你的 Facebook 朋友；就這樣把朋友一個個拉拉拉進來，在朋友圈中搭起「你換到什麼爛獎」，或是「誰誰誰把我的大獎換走了啦」的話題。

莎士比亞唐詩全集

開心農夫西瓜種子包

直到天荒地老絕不落漆空固力面膜

三十三尾吻仔魚

▲ 由可奇數位創意提供。

#

消費者其實不那麼在意產品規格，
而是品牌，你到底是不是真的在乎我，
還是，你只是要我口袋裡的錢。

==

給消費者與眾不同的誘因，創造被分享的機會

如果問起：「第一次去澳洲雪梨旅遊，你會推薦哪一個必去的地標？」我相信許多人的答案一定有「雪梨歌劇院」這個選項。

已經被聯合國教科文組織，評選為世界文化遺產的雪梨歌劇院，一直以來都不缺慕名前來的觀光客。但就像許多地標一樣，門外總是聚集了一堆爭相拍照打卡、到此一遊的遊客；真正看門道，願意進到歌劇院內參觀的人，只有那可憐的少少的一趴（1%）！這該怎麼辦？

「就叫那些正在外面的人，進來啊！」這，就是這個案例核心概念，直白到夠讓人翻白眼了吧！

這概念，雖然連小學生都想得出來，但要如何落實才能讓外面的人願意進來，還是得有細膩的創意加持才行。雪梨歌劇院的創意概念是這樣想的：既然大家這麼愛在雪梨歌劇院外拍照打卡，那麼只要監看社群網站上的即時 PO 文，不就知道「誰」正在歌劇院外面？然後，再給他們 call to action 的誘因，讓這些人迫不及待地想進來，任務就達成啦。

所以，這項活動的關鍵有兩個：

1. 即時找到正在外面的人；
2. 提出讓人抵擋不了的誘因。

雪梨歌劇院選擇了以圖像為主的社群媒體 Instagram，利用圖形識別以及地理定位功能，作為即時監控的機制。系統只要發現有人上傳雪梨歌劇院著名的外觀照片——這個在澳洲 Instagram 上最多人拍照的地標——即時回應團隊就會啟動，請歌劇院裡各單位的表演者、音樂家、餐廳大廚等知名人物，以拍攝影片或照片的方式，說出或是 Tag 那個上傳者的名字，並加上 #ComeOnIn 的主題標籤。PO 文內容寫道：

> 雪梨歌劇院 @ 某某人，你拍了一張 @ 雪梨歌劇院 棒呆了的照片，為什麼不乾脆進來參觀 #ComeOnIn

在你前腳還沒離開雪梨歌劇院的時刻，就用 Instagram 即時送上這則貼文，並且附上一個誘使你想要進來參觀的驚喜。例如：

- 專屬導遊帶你一覽世界級音樂廳的後臺；
- 跟知名音樂家面對面；
- 來一趟與大廚相約的餐廳美食之旅；
- 與音樂劇表演者一起跳有氧瑜珈，1 more、2 more……等等，這些獨特又值得體驗的行程。

請想像一下，如果換成是你收到這樣的訊息，內

容是某知名導演拍了一支《呼喊你的名字》的意外邀請影片，你是不是迫不急待、立馬手刀衝進去！

以幸運兒 Roisin McGee 為例，大廚 Lauren Murdoch 拍了以下影片。她在影片中喊著 Roisin 的名字，並邀請他進到歌劇院的餐廳來享用一場美食饗宴，「如果有興趣請留言，你將會收到進一步的細節通知」。想當然爾，沒多久 Roisin 就回覆了，並且在 Instagram 上分享了令人口水直流的大餐照片。

想確保活動創意不打折，前提——「它必須夠簡單」

雪梨歌劇院案例最厲害之處，在於隨便講給一個行銷人聽，只要有點創意，執行起來應該都有三分樣，這就是典型的「概念有想像空間、又簡單易懂」的好處。而接到這項指令的人，不管是文案、視覺、或是設計，都能各自踏著這個概念的肩膀，在自己的權責之內加點東西，而且不容易走針，同時還可能因此激發出新創意！

雪梨歌劇院規劃的這些誘因都跟它們的服務息息相關。消費者不需要改變自己的習慣，就跟往常一樣的拍照打卡，便有機會得到令人驚喜又捨不得放棄的獨特體驗，同時還創造了「被分享」的條件。我相信任何人只要被「大人物」點名 Tag，就算你有更重要的行程要走而不能進去參觀，你也會忍不住想要對朋友炫耀一番吧！

▲雪梨歌劇院大廚對著幸運兒呼喊「Come On In」的影片。

缺話題？品牌就幫你找話題

現代人最缺的就是「話題」。你應該常在 Facebook 上看過類似的對話吧：

「我必須說《xxxxx》這部電影完全刷新了我對爛片定義的下限……。」
朋友 A 留言：越來越想看，這電影到底能有多爛 XDD
朋友 B 留言：好想看 +1
朋友 C 說：這麼神奇，我一定要看

明明你的朋友已經說「這是部大爛片」，卻引發一群人更想看的欲望？是不是很奇妙！又或是每當 iPhone 新機上市、軟體更新的第一天，總會有人費盡心思地想在朋友圈中搶第一。

為什麼電影越爛你卻越想花錢去看？說穿了，絕對不是因為你不相信朋友的品味，也不是錢太多，而是你想要跟上話題，甚至**引領話題**。

這樣的心理反應在現實生活中的具體表現，就是每個人或多或少都買過「生命中不需要，卻可以創造話題的廢物」類似這樣的蠢事。

看看 IKEA 怎麼幫消費者「找話題」

IKEA 賣的是「要自己動手做」組合傢俱，相信大家都知道這點；但你可能不知道，IKEA 有兩家自己動手做的「餐廳」。這就稀奇了吧！

在這個餐廳裡，不是像 IKEA 的展示間只擺設假的道具讓你只能看，而是讓你可以使用所有真正的廚房設備，還可以選在餐廳裡辦趴為小朋友慶生或招待親朋好友。重點是：完全免費！

這兩家讓你自己動手做的餐廳，開在俄羅斯莫斯科與聖彼得堡。因為在俄羅斯，到餐廳消費的金額非常高，消費者為了省錢，開始減少外出用餐的比例。IKEA 為了幫助消費者解決這個問題，推出了一個前所未有的服務：The Instead Of Cafe[18]。IKEA 要來證明：「家用廚房，也可以帶給你如在外餐廳用餐般的愉悅體驗」。

在 Instead of Cafe 餐廳裡，一共有十種不同大小、形式，配備齊全的廚房，任君挑選。你可以免費「租」一個廚房以及空間，與你的親朋好友一同烹調料理，來取代到傳統餐廳用餐。只要你提前一週以上預約，便能免費享用這麼一個料理的空間。除了主要食材必須自備之外，其他硬體設備全權交給 IKEA 就好了。他不但幫你準備了廚具、烤箱、電爐、冰箱、洗碗機……，你想得到想不到的設備、餐具，通通

一應俱全，就連電視、音響、熱奶瓶的機器都一應俱全，另外還附上料理所需的鹽、糖、橄欖油，以及茶、咖啡和飲用水，剩下的就只是自己動手烹飪了。怎麼樣，夠誠意了吧！只是 IKEA 如此大費周章，所為何來？

IKEA 過去給大家的印象，應該都是「佔地廣大、動線像迷宮、擺設如家庭般溫暖」吧。而這一次 IKEA 在俄羅斯如此費事搞個「不賣東西、沒有別的可以逛」的獨立餐廳，我認為有以下四個目的：

1. 消費者試用體驗，增加產品銷售機率：

不用說，這是最直接的目的。在一般 IKEA 店內的餐廳區，也有完整的廚房設備展示，只是那些都是擺好看的。相較於沙發或是床組，只要坐坐躺躺，大概就能體會一二。而消費者對於廚具的選擇，除了好不好看之外，有像是動線、水槽、小家電擺放、收納空間，等等細節需要被考慮，對於一套動輒好幾萬臺幣起跳的廚具，如果能夠從食材配料的準備、烹飪、用餐、到事後餐具的清潔整理，都能透過完整享用一餐飯的過程來試用體驗，我相信買單的成功機率高了許多。

2. 社群口碑的擴散，創造內容，提昇對 IKEA 好感度：

這整個活動有個非常重要的關鍵，那就是 IKEA 聰明到不是從介紹廚具功能，而是從消費者購買廚具真正的意義:「為你在乎的人準備一餐」為出發點。

所以，這間俄羅斯 IKEA 餐廳鼓勵你找一群在乎的人，不管是家人、小孩、朋友或同事，一同來體驗。你可以想像，這麼一個獨一無二的用餐經驗，會誘發使用者創造出多少在社群上分享的內容。

更不用說 IKEA 在事前就取得參加者的授權同意，側錄活動進行中的畫面，來作為未來宣傳推廣的使用。而這些由參與者所產出的開心、歡聚、情感流露、真實的片段，比起官方老王賣瓜的廣告宣傳內容，哪個更有說服力？

3. 收集使用者意見，作為參考改善建議：

IKEA 刻意推出十種形式、大小不一的餐廳，並搭配各式廚具，其目的之一，就在收集消費者使用的意見。因為 Instead of Cafe 的試用，就相當於你在家裡使用廚具的完整過程，而你又不需要真的擁有。IKEA 在一開始就設計了參加者必須填寫問券調查表的規定，這些由真人實做之後所做的調查結果，對於未來產品開發或改進具有一定的參考價值。

4. 活用餐廳空間，利用行銷事件，讓更多人參與：

從據點的彈性跟便利來看，IKEA 的完整大店絕對不如一家獨立餐廳來得貼近市場，你可以開在目

標對象群聚的社區或最熱鬧市中心，也可以像快閃店一樣，視行銷目的而調整空間大小、地點、甚至租期。另外，Instead of Cafe 在部分週末是不開放民眾預約的，IKEA 會邀請大廚來教你做菜、產品使用秘訣或是辦活動等等，充分利用餐廳小而美的特性，讓你不必舟車勞頓也可以感受 IKEA 的多元面向。

以上。雖然只是一個小小的餐廳，卻隱藏了不一樣的用心。當別的傢俱品牌還在把消費者當賊一樣看待，寫著「試坐，請洽服務人員」的時候，IKEA 早已用人性化的展示空間，讓你自在的逛他的商場。現在更進階到直接給一個空間，讓消費者得以完整體驗「產品的意義」時，這就是 IKEA 為我們呈現的，什麼是把消費者當成「只是想佔你便宜的賊，還是家人？」的差別。

一旦你理解之後便會明白，為什麼 IKEA 展示間即使坐滿了人，你就算坐得再久，店員也不會趕你走的原因了。

達美樂 Pizza 的另類促銷，讓話題比促銷更有趣

2012 年日本達美樂 Pizza 推出了一個相當有趣的促銷方案 Amazing Coupon Festival。達美樂開出外送披薩時的收件者身分與打扮條件，例如：雙胞胎、綁著雙馬尾或是高二學生等等；就能享有七五折優惠！

活動操作很簡單，你只要選一個你所符合的條件，分享到 Facebook 或 Twitter 上，便可獲得到一張八折的 COUPON 券，此卷會送到達美樂官網上你所屬的 COUPON Box。若你是直接在網路上訂購披薩，達美樂會再給你 5% 折扣，兩者加起來，一共是七五折。訂好餐之後等外送員送餐到府時，以你所選的造型或身份出來應門，就可以兌換這次的折扣優惠了。最多人選擇了以「雙馬尾」的裝扮來見客，第二名更簡單，只要你有鬍子就行了，假的也 OK，第三名則是穿著怪 T（顯然大家都有出不得廳堂，僅供自家觀賞用的衣服）；另外，還有許多人選擇了用「方言」來應門……等。日本達美樂創造了一個話題，讓顧客自己玩得很開心的遊戲。

Pizza 應該是個一年到頭都在辦促銷的行業，對消費者來說，折扣是一定要的啊，沒打折？反而才是怪事，不是嗎。所以，日本達美樂推出的這個活動明擺著就是要送給消費者的。

只是對顧客來說，這次的促銷不一樣，是我要來的、選擇的、參與的結果，不是人人都有獎的大放送。再加上 Facebook 及 Twitter 分享的必要條件，彷彿創造了一個機會，讓消費者向朋友間宣告：「瞧，在生活上我

是多麼有趣的人，我打算穿著一件怪 T 來換 Pizza 優惠」。如果只是一個平凡到讓人打哈欠的促銷，你會有那麼大的興趣分享嗎？這就是這兩者做法上的差別了。如果顧客願意認真的執行，很好，達美樂為顧客的生活創造了一個值得一書的記憶點，也算公德一件，就算消費者不當一回事，沒有盛裝迎接外送員，那又怎麼，達美樂不是也用七五折跟顧客交換了他們為自家品牌背書的社交廣告嗎！

所以說，「促銷」也可以很有意義。

是的，好的促銷，是消費者主動的選擇，而不是你塞到他信箱裡無謂的干擾，而且還能夠激發他的想像，讓他的生活更有趣。

注釋來源

1. 米卡，〈【米卡行銷專欄】你一定要知道的「SK-II 改寫數位行銷命運」的三個層次、四個步驟〉，Oath 看見數位行銷力，http://yahoo-emarketing.tumblr.com/post/148775262616/julymilask-ii, (2016/08/11)。

2. #ChangeDestiny 改寫你的命運 SK-II 官方網站：http://www.sk-ii.com.tw/tc/changedestiny.aspx。

3. 〈日漢堡王推 Win7，七層巨型華堡〉，自由時報，http://news.ltn.com.tw/news/world/breakingnews/284777, (2009/10/23)。

4. 漢堡王 WHOPPER FACE 側錄影片：http://youtu.be/lBvtANapQwU。

5. 荷蘭航空 Happy to Help《紐約快艇出租》側錄影片： http://www.youtube.com/watch?v=o651kPLVnKk。

6. 荷蘭航空 Happy to Help《高速公路城市之旅》側錄影片： http://www.youtube.com/watch?v=aRGpDP4A3hU。

7. B-Brave 維基介紹：http://nl.wikipedia.org/wiki/B-Brave。

8. 荷蘭航空 Happy to Help《飛向我的蜜月之旅》側錄影片： http://www.youtube.com/watch?v=Ug1pNRK42AQ。

9. 荷蘭航空 Happy to Help《如何打包妳的高跟鞋》側錄影片： http://www.youtube.com/watch?v=O2oLUpBzYj4。

10. 荷蘭航空 Happy to Help 活動全數側錄影片： http://www.youtube.com/playlist?list=PL1oW5GhG9jlJp-33_I7z7fyfO4ozViJjc。

11. 西捷航空即時聖誕願望側錄影片：http://youtu.be/zlEIvi2MuEk。

12. 〈臺北市 105-108 年舊衣回收設施核准設置地點一覽表〉，臺北市政府官方網站，https://www.ws.gov.taipei//001/Upload/363/relfile/41141/525070/4b45770b-0023-4f6c-8997-6317268b030c.pdf, (2016/10/20)。

13. The Rag_Bag, http://www.theragbag.se/。

14. Uniforms for the Dedicated, http://uniformsforthededicated.com/。

15. Fretex, http://www.fretex.no/。

16. Donate with Style 活動說明影片：http://youtu.be/fivfRz2FLF0。

17. 英國品牌 Wilkinson Sword，創立於 1772 年。官方網站：http://wilkinsonsword.co.uk/。

18. 俄文：Vmesto Café；官方網站：http://newideas.ikea.ru/vmestocafe。

## CHAPTER THREE

行銷跟詐欺，
常常僅有一線之隔

"
在行銷操作上，講述商品的賣點沒有錯，
但我們更需要的是「具備」讓消費者感同身受的情境。
"

在這一章之前我想說的是，行銷**並不是利**用銷售文案跟廣告技巧，去說服消費者購買根本用不到的產品。但其實也無法否認，這世界上有很多行銷人善於利用心理學，常讓我們在衝動之下，購入會後悔的東西。

另一方面，你或許也會同意，大多時候我們買的並不是商品本身，而是商品替我們**解決**了什麼問題，或擁有這項商品之後，它替我們帶來了什麼優勢。

先來談談我們對商品的需求吧，或許，你也有過這些狀況：

看上一樣東西，想都沒想，就買了；

看上一樣東西，很喜歡，卻沒有理由敗下去；

看上一樣東西，過了一段時間，然後忘了；

看上一樣東西，卻買了另一個競爭品牌；

原本想買這個，後來卻買了不相干的另一個；

原本很想買的東西，買了之後，卻很快就厭倦了；

消費者到底為什麼買下它？

「購買欲」這件事真的很奇妙，有時候情緒來了就下手，既快速又簡單，有時候卻又理性思考，龜毛挑剔程度令旁人都看不下去。

回想看看，我們曾經為了哪些理由去更換一部手機？對舊手機看不順眼了？門號綁約到期了？摔壞了？嫌反應速度不夠快？還是想換更大的螢幕、更好的拍照品質？還是很單純，只因為最新的 iPhone 上市了，又剛好你**想要**？

這裡的「為什麼買？」或許可以跟馬斯洛的需求理論[1]相對應，但研究「人心」跟「購買情境」其實更為有趣。

我在撰寫本篇的時候，正巧是 iPhone 7 上市宣傳期，同事們討論著 i7 的外殼顏色、雙鏡頭跟 Lightning 耳機。也剛好有人想換手機就立刻預約了一支。現役的 iPhone 7plus 已經是我擁有的第五支 iPhone 了。但我原本其實不是 Apple 品牌的愛好者。Apple 電腦在我公司裡，也只是與其他 PC 電腦不容易和平共處，以及不易檔案交換的另類產品而已。Apple 僅限設計師使用，更是定價過高的產品。

當 2007 年第一代 iPhone 上市時，它並沒有直接打中我的心；直到 2009 年上半年，才因為頻繁出差，我購入了人生中的第一部智慧型手機。

在決定買哪款手機的時候，我還是跳過了話題最夯的 iPhone 3G，而買了 Black Berry Storm，這是黑莓機的第一款全螢幕觸控手機，因為跟 iPhone 相較之下，我更感興趣的是：黑莓機獨有的郵件推播功

能、免費簡訊，以及打字速度飛快的鍵盤設計。畢竟我自詡為「一秒鐘幾十萬上下」的商務人士。其實我用了黑莓機好幾個月，而且也愛不釋手，沒半點故障問題；但原本綁定兩年的合約，卻在 iPhone 4 上市時被我毀約了。原因竟然只是為了一款可以「把朋友變成殭屍」的 App。變心的速度，連我自己都覺得不可思議。

回想當時，為了寫部落格，我想添購一部數位相機，而且有兩三臺廠牌型號已被列入選購清單。回神看看手上的黑莓機，它主打商務用途，拍照功能只能說普通，除了解析度不夠高，更採用自家封閉式系統，言下之意——沒有其他的拍照 App 可用。

正當這個時候，某位同事開始炫耀剛入手的 iPhone 4。剛開始我有點不屑一顧，裝作沒看到這件事。突然間，她叫起我，還替我拍了一張照片，然後按了螢幕幾下並把 iPhone 遞過來；在我按下 Play 的那一刻，就被自己的照片變成殭屍動畫給嚇到了。而她，以及身旁正在偷偷觀看的一群同事卻都笑翻。成功惡整了自己的老闆，誰不開心呢？這款 App，讓我立刻放棄數位相機而買了 iPhone，不，應該說是，這個「讓同事們笑翻的事件」讓我買了 iPhone。但沒搞錯吧？我不是要買一部數位相機嗎？失去這個需求了嗎？

其實，就影像品質而言，iPhone 並沒有辦法跟專業的數位相機媲美；但我對相機的需求，在表面上是寫部落格、拍美食、紀錄旅遊，在心理層面卻是透過照片跟朋友分享快樂回憶。因此，這款殭屍 App 以及其他更多帶有娛樂色彩的拍照 App，就比數位相機更接近我的期待。

其實，在構想商業策略或行銷策略的時候，我們常會忽略這種「跨界競爭」的可能性，消費者考慮到的不僅僅只是「那件」商品的功能，也不單單是行銷 4P、5P；而會是理性與感性交疊，以及下列這幾件事：

1. **功能上的價值需求**：消費者已經擁有什麼？黑莓機的拍照缺點要靠什麼來補足？
2. **情緒上的價值需求**：例如同事的炫耀心態，或是想要跟朋友一起拍照。
3. **人格上的價值需求**：想要分享快樂，為了提昇友誼關係。
4. 最後，除了原本看上的產品，還有沒有別種型態或方式可以滿足上述三種需求？

這次消費需求的轉變，看似發生在短短的幾分鐘之內，但其實「黑莓機與數位相機的價值需求與目標任務探討」這個題目，已經在我心中撰寫了好幾個禮拜，我已經設想過許多「擁有數位相機」之後的情境價值。至於殭屍 App，跟那位愛炫耀又愛整人的同事，只不過是很巧妙的連結點而已。

你的產品功能很強？那又怎樣！

已故哈佛商學院教授西奧多・萊維特（Theodore Levitt）曾說：「人們想買的並不是 1/4 英吋的鑽孔機，而是牆上 1/4 英吋的那個孔。」無論是產品研發或行銷，都該重視這句話。

每個人一定都曾經因為某種理由，觸發到自己的知覺（Perception）或感覺（Sensory），瘋狂地想要擁有某件物品，像我最後捨棄黑莓機跟數位相機去選擇 iPhone，是因為拍照 App 更能夠滿足我的潛在需求，這份需求在表面上是拍照，心裡面卻是期待著友誼關係，是對「未來的美好情緒」懷抱著期待。

不同的消費者，會為了不同的情境而去購買一部鑽孔機，例如：懸掛衣架、鏡子，掛上證照、相框、名畫，專業的木工、幫孩子組合傢俱等等，但除了情境之外，更應該去設想消費者對「未來」懷抱著什麼期待。

假如我要賣同一件東西給十位鄰居，我可能會需要十種不同的方法，但許多行銷人的壞習慣都是：想要一次通殺男女老少所有的顧客，因此也很容易會產出「過度自我」的廣告文案。這會讓我們從自身的優點下手，例如：我的鑽孔機轉速很高，我的鑽頭特別硬，我提供多種不同的配件，我是業界最強，我最耐用，我是消費者評比冠軍等等。

但現實狀況其實是：市場上有很多的競爭對手，產品的功能跟我們差不多，廣告詞也跟我們講的也

差不多，這些所謂的產品優勢根本各家品牌都很相似，或許，競爭對手的定價還比我們便宜了 30%！

曾看過一個公司簡介上面寫著：「我們對室內設計的流行趨勢有超強靈敏度，我們有堅強的團隊，可以打造各種屋主最想要的風格，貼近你的需求，無論是北歐風、工業風、鄉村風等等，都可以完全掌握。」這家公司，就是想要一次通殺所有的顧客類型。

這會不會讓你聯想到在路邊賣西瓜說自己很甜的老王？或是說自己每一件事情都很擅長的那位同事，其實每一件事都只是略懂皮毛而已。或是，有一個在夜店搭訕的男生說：嗨！我有很多女生喜歡喔，我有六塊肌，薪水高，有房，又有車。你對他們有多少好感呢？

大多時候，我們都**不該幫品牌自吹自擂**，雖然有時真的很難避免、非得要去說說產品優勢。但事實上，我們可以先忘掉商品規格上跟敵手的強弱之分，而是去設想消費者有哪些地方**還可以**被滿足或補足，也就是把消費者購入商品之後可換得的三種價值需求（功能需求、情緒需求、人格需求），描述成「真實生活中的使用情境」。例如：

- 衣服掛勾，讓我們得到更方便的起居生活。

- 懸掛照片，讓一面空蕩蕩的牆壁變成家庭的視覺中心，呈現一家人的甜美回憶。
- 精準又不容易失誤的鑽孔機，讓裝潢師傅提昇工作效率，早點下班。
- 老師傅指定的鑽孔機品牌，專業職人形象。
- 幫孩子組合傢俱時，在妻子的心目中成為一個「負責任的好爸爸」。

影響消費者決定的常常都不是產品功能，而是：

- 採用商品之後，我將會**提昇**哪方面的價值？例如生活上、工作上，或友誼等等。
- 採用商品之後，我將**變成**怎樣的一個人？
- 採用商品之後，別人將怎麼看我？如何進化？得到哪種美好情緒？

唯有設想消費者從商品上頭得到好處之後，他們可以創造出什麼，也就是顧客想要在哪個情境狀況下，解決哪個問題，以及解決之後能替自身帶來什麼價值，這些才能夠變成一句句富有銷售力的廣告文案。至於產品優勢方面，除非我們的轉速、扭力、價格真的比競爭對手好上太多，而且消費者真的關心這些，否則這些功能層面的價值並沒有太大的說服力。

行銷短視症（Marketing Myopia）

　　市場上有許多過度強調產品功能的廣告行銷案例，例如智慧型手機市場都在微小差距下競爭，產品規格也不可能永遠在業界保持領先，但你有沒有發現，手機品牌卻總是拍廣告來表揚自身的一些小地方，但大概幾個月後廣告又會再拍新的。因為 A 品牌有夜拍功能，B 品牌後來也有，B 品牌搶先推出一千萬畫素，C 品牌過一段時間會有一千兩百萬畫素。

　　仔細研究一下，到底是誰比較強呢？其實在琳琅滿目的商品堆中，消費者早就陷入「選擇疲勞」了。因此，**當行銷團隊或某位主管又想要推出一個「講自己有多厲害」的宣傳方式時，應該仔細想想，這些跟競爭對手之間的小差距跟小優勢，到底是不是消費者真正關心的事？**

　　我對一部日本的喜劇電影《舞妓哈哈哈》（*舞妓 Haaaan!!!*）印象深刻，這也讓我想到「行銷短視症」跟那些過度競爭又常彼此模仿的品牌。

　　男主角鬼塚是一家泡麵公司的職員，也身兼舞妓網站的版主，為了一圓「跟舞妓玩野球拳」的夢想，甩掉癡心女友，轉調到京都去工作。他為了跟茶屋的 VIP 客人內藤一較長短，開始不斷模仿對方，進入內藤原本擅長的領域去超越他，後來，也開始比較包養舞妓的多寡，比較金錢、身分、地位等等。但內藤也不是省油的燈，每當鬼塚發揮才能取得成就地位，也賺到更多錢時，內藤又會轉戰不同領域，例如從棒球選手轉型成電影明星，最後還選上市長。因為鬼塚太想要超越內藤，逼自己不斷進步，卻也因為屢次就差那麼一點而飲恨不已。這部片最後提到：在盲目追求的過程中，鬼塚早已迷失自我。

　　哈佛商業評論曾經提出，每年大約會有三萬個新消費產品問市，其中有高達 90% 的產品都會失敗。在更久以前、約莫 1960 年左右，哈佛商業學院資深教授西奧多・李維特（Theodore Levitt）在提出「行銷短視症」時，曾說到：「企業過度聚焦在自身產品技術發展，或是過度與競爭對手比較，從內部看來或許像是一種突破，但如果創新的焦點並不是放在消費者需求身上，最後很容易失敗。」

　　在智慧型手機跟 App 當道的年代，已有不少人認為數位相機的需求將會消失殆盡，但 GoPro 卻針對動態攝影跟戶外運動市場，替自己開闢另一條生路；而 CASIO 則是推出了時尚女性專屬的相機，並以「自拍神器」來幫自家產品定位，在相機裡內建可以讓肌膚粉嫩白皙的拍攝效果，將外框轉開後即是一個多角度的自拍腳架，外觀不僅是女性喜愛的寶石粉、珍珠白等顏色，也跳脫相機跟手機方方正正的模樣，

乍看之下更像個高級的粉餅盒。

　　Apple 曾於 2016 年推出系列廣告 Shot on iPhone 6s（這是 iPhone 6s 拍的），在眾多只在規格上著墨的手機品牌中，實屬獨樹一格。這系列的廣告視覺十分簡單，透過一幅一幅優美的人像照或是風景照，在各方媒體上頭被刊登出來，畫面中搭配唯一一句廣告標語：「這是 iPhone 6s 拍的」，擺放在戶外巨型海報上面特別有震撼力。

　　iPhone 6s 是當年像素最高、鏡頭最好，或是拍照功能最頂尖的手機嗎？我相信三星、SONY、HTC 的粉絲都會發言反擊。甚至 Apple 推出的筆記型電腦、平板，幾乎都不會是市面上 CPU 速度最快、容量最大或價格最優惠的產品，但消費者仍趨之若鶩，也讓追趕者競相模仿。

　　試問：消費者該買哪一款手機才可以拍出大師等級作品？看看那幾張戶外海報，有超廣角的風景、傳神的人像、真摯的表情、豐富的色彩，甚至飛躍中活靈活現的動物， iPhone 6s 已經直接用照片告訴我們，廢話一句都沒說，卻完勝其他品牌的千言萬語。

　　我又想到這句老話「人們想買的，是牆上 1/4 英吋的那個孔，並不是 1/4 英吋的鑽孔機。」人們想要的，是好照片，而不是一部規格最強硬的相機。

動機並不單純

行銷某件商品，甚至研發某件商品之前，我們必須挖掘出各種消費者使用產品的情境，一些被消費者隱藏起來的事實，有點像是人類觀察家或私家偵探的角度去看事情，不斷挖掘消費者對產品的用法跟想法。

《創新者的解答》一書曾提到麥當勞奶昔的例子。根據調查發現，雖然年輕人都喜歡冰品，但卡車司機比青少年或兒童更經常購買奶昔，甚至是每天都買，因為奶昔可以止餓，還可以打發長途開車的無聊。[2]

本書作者，也是哈佛商學院教授的克雷頓·克里斯汀生（Clayton M. Christensen）提到一個「jobs to be done」理論[3]。若看字面上的意思是指某件工作被完成了，但實際上，更應該解釋為：在某種情境之下，你解決了消費者潛在的哪個問題／動機？

在奶昔例子裡的「問題」，是指長途開車很無聊又怕餓這件事，長途開車是卡車司機每天面臨的工作，在此情境下會伴隨著無聊跟飢餓，然後奶昔成功解決了他的問題，當然，也勢必滿足了一些情緒。

"jobs to be done" 時常可以跟心理學家戴維·麥克利蘭（David C. McClelland）的「成就動機需求」（Need for Achievement）理論互相對應。[4]

如果你喜歡名偵探柯南、東野圭吾或是新世紀福爾摩斯（Sherlock Holmes），那不妨試試看用「推理」的方式去找答案。

例如，一名小學生努力念書，他的 Job 是想考前三名；但其背後動機是為了換取父母的獎勵，也有可能，是為了讓每天板著臉的父母露出一個笑容，讓父母有話題可以跟親人炫耀，因此得到重視。

這名小學生長大之後想把托福考好，看似是大學時代的一個 Job，但其動機是為了出國留學；如果再延伸下去，連出國留學也只是一個 Job，動機可能是因為男朋友要出國，她不想因此分開，或是想要替未來的工作機會加分，而潛意識裡，更可能是從小被管太嚴了，終於找到一個機會可以離開父母獨立。

我們也能在職場上發現，許多人會期待自己將事情做得臻至完美，提高工作效率，獲得更大的名聲地位。其實他們是為了得到快樂，或避免失去快樂。這些人追求的是在「完成某件事情」的過程中克服困難與努力奮鬥的樂趣，以及成功之後的成就感與掌聲，或是因此而被大家關注了；這些美好情緒跟心理獎賞，多半才是我們最重視的東西，物質獎勵例如拿到金錢、證照、升職，反而是其次的。

不久前，我看到一個人像攝影課程的網路廣告相當誘人，它只有非常普通的網頁設計，談不上精美，

但廣告文案卻十分具有說服力：

- 兩小時快速學會，立即被女友稱讚。
- 學員說：「現在拍的照片，都有更多人按讚呢！」
- 不再被女孩罵，讀懂女孩心思，拍出讓女朋友開心的照片。

他們並沒有強調可以學到哪些攝影技巧，對於光圈、快門、取景、構圖、打光等專業術語，或是拍照的技巧、美學、色彩學方面都隻字不提。雖然這些是攝影新手必須瞭解的基礎知識，但其實消費者根本就不想學習這些會讓人感到枯燥乏味的東西。

對於想學好拍照的人，是苦於一種「怎麼拍都拍不好的窘境，卻不曉得如何解決」，甚至是「不知道這種狀況可以被解決」的心情。因此跟攝影新手溝通拍出好照片的技巧，不如溝通為什麼你想要拍出好照片？為什麼你必須拍出好照片？用**成就動機**來溝通，反而更能夠與消費者**創造連結**。

在換掉黑莓機之前，我是想透過拍美食跟寫部落格來連結友誼，並彰顯自己的生活風格，所以我才覺得需要一臺數位相機；但後來我發現 iPhone 很多 App 好玩，可以隨手一拍讓全場歡樂大笑，因此 iPhone 又比一臺專業的照相機更能帶來這個連結。

而學到攝影技巧跟專有名詞並不是攝影新手所重視的價值；而是有朝一日把技巧練好，可以把女孩子拍的美美的，想透過這個課程，讓自己變得受歡迎，也幫自己贏得美人心。

用成就動機來溝通，反而更能夠與消費者創造連結。

請別再以為消費者最重視的是相機畫素多寡、夜拍、記憶體這些產品事實了，並非我故意想貶低這些。畢竟，光是拍照一件事情的**任務跟意圖**就有那麼多種了，消費者的心裡在想什麼？是什麼緣故會刺激他想拍照？把照片拍好之後他會得到什麼？找出這些，才能夠真的去觸動消費者。

還能夠舉出更多：想買相機、想學拍照、想買鍋子、想學做菜、想學開車，或任何一件事的背後動機嗎？不妨嘗試自己完成這個練習。

#

在不自吹自擂的情況下，
我們得先設想消費者有哪些地方，
還可以被滿足或補足？

_____

社群形象與親合需求（need for affiliation）

在社群平臺上，你是否曾經感覺到某位朋友的 Facebook 發文，並不是自己認識已久的那個人？例如：在公司明明是個嚴厲角色，卻喜歡用感性溫柔的言語，關心小孩子的點點滴滴；或是一個常加班，總是半夜才回家的工作狂，卻喜歡分享家人小孩的照片；還有一位好友，見面時總是在講婆婆壞話，結果一轉頭，卻發文附圖感謝婆婆送她一個名牌包。

這些人不斷透過特定的貼文類型去形塑自己、建立自己的人際關係，這種行為在心理學上屬於「親和需求」（need for affiliation）。他們寫貼文或分享照片的目的，多半是滿足於**自我形象被建立**的那個過程，並透過按讚數來驗證自己是否達到目的。

親和需求有下列幾種樣貌：

1. 希望獲得正面的鼓舞（positive stimulation）；
2. 希望獲得關注（attention）；
3. 希望在情緒上被支持（emotional support）；
4. 希望能夠跟他人比較（social comparison）。[5]

當親和需求無法在現實生活中取得時，這些行為就會在網路上**被顯化**。且因為社群平臺幫助了訊息擴散的條件，大家可以快速地閱讀一個人，所以我們也會刻意凸顯出「想要被別人瞭解」的層面。

人格面具（persona）是心理學家卡爾·榮格（C. G. Jung）提出的概念。他把「人格」比喻為「面具」，在不同社交場合人們會表現出不同的形象，就像是戴上不同的面具般，很少人會有全然一致的呈現。

然而，一個人的人格就是所有面具的總和，社群面具只佔其一，目的可能是幫助自己的人際關係，擴展商業人脈或提昇個人形象，甚至是想要創造出一段非真實人生，不斷扮演著「希望被如此認為」的自己，例如：

- 我擁有幸福的家庭：喜歡分享生活點點滴滴，時常全家人一起外出活動。
- 我在某方面擁有專業：常煮菜、很懂攝影裝備、經常參加比賽得獎，光顧很多餐廳。
- 我的人際關係很好：常參加聚會、合照、認識很多人、認識名人。
- 我是一個好媽媽：對育兒很有心得，對小孩的言行觀察入微，樂於參加學校活動。

- 我很有氣質：經常分享讀書心得，聽音樂會，喜歡非主流的高價品牌。
- 我很富裕：開名車出遊，認識名人，出入高級場所。
- 我很孝順：逢年過節都會帶媽媽出去玩。
- 我很愛老婆：我每一年都記得她的生日跟結婚紀念日。

滿足親和需求會替我們帶來美好的情緒跟心理獎勵，就不斷因時、因地、因應不同的關係，去扮演不同的角色，也滿足我們想要與他人接觸、建立關係，或維持關係的動機。

有趣的是，在社群之中，相較於日常絮語，大多時候的我們，反而更喜歡看這些被刻意包裝出來的「美好事件」，例如逢年過節都會帶媽媽出去玩的朋友，其實大部分的時間都不住在家裡，根本就不構成孝順，但我們卻只會對「帶媽媽出去旅遊」這件美好事情按讚，忽視他的日常相處。

有許多成功的商業廣告，都會設法抓到這些心理因素，塑造一種心理情境，對應到消費者渴望的人生角色裡頭，告訴他們購買這件商品就可以獲得他們想要的形象，例如從一九九幾年開始，Nissan Sentra 這臺車就透過「新好男人」的形象廣告，讓消

費者自行對號入座，許多人至今都還印象深刻；而逢年過節時，我們也一定都會看到「送某禮，讓你換得好人緣」、「送爸媽某物，最能代表你的孝心」這類廣告，都在默默影射只要採用商品，我們就會變成廣告當中的那個人。

你想成為哪一種人？

幫寶適有個案例，可以說明「人格面具」這件事情對人們來說有多重要。

紙尿褲這項商品，除了材質不環保、螢光劑等一些爭議之外，早就是受到消費者依賴的一種商品，但在 1960 年代，寶僑公司（P&G）剛開始推廣紙尿褲時，卻遭受了一個大挫折。

寶僑在媒體上宣傳紙尿褲的商品特色，例如一次用完即丟、尿濕立刻換上新的，以及更省時、更衛生、不髒手、方便攜帶這些商品賣點（USP：Unique Selling Proposition）明確地跟舊有產品做出區隔，不論感覺上或是實際上，都完勝以往需要手洗的棉布尿褲。但沒想到，強大無比的產品優勢卻成為阻礙銷售的理由，不僅如此，消費者的反應還非常冷淡。

到底問題在哪裡呢？據說寶僑是經過了嚴謹的田野調查後，發現竟是當時的社會風氣所致。家中保守的長輩跟負責賺錢的男主人們皆認為，使用一次就丟的商品非常浪費，還要花更多的錢不斷購買新的。但這還不是最主要的原因，而是主婦們不想要創造出——我不想洗尿布，想要在家事方面偷懶——這樣的印象。

沒想到阻礙銷售的理由，竟然是跟自私、懶惰、浪費這些與道德人格扯上關係，這時候，就算廣大的媽媽族群認同這項商品的優點也不敢買帳，避免自己被貼上負面標籤。

後來寶僑開始採用另外一種情境進行溝通。他們改說：紙尿褲的材質柔軟，因此增加穿著的舒適性；紙尿褲的吸水力更強，寶寶尿尿之後不會一直哭；而且紙尿褲比棉布尿褲更適合寶寶的肌膚，可常替換減少細菌滋生，寶寶不易引起過敏。這才讓銷售量起死回生。

為什麼明明是講同樣的事情，一開始的溝通角度無法帶動銷售，再經過調整後的說法卻可行？在最原本的溝通情境當中，消費者會因為購買紙尿褲而成為一位聰明的媽媽，但因為媽媽們並不是當時家中經濟來源，加上用過即丟反而創造出浪費的形象；改用寶寶的舒適性來溝通之後，才讓使用紙尿褲的母親變成體貼細心、疼愛兒女的家長了！

這個案例又更驗證了：消費者並不一定需要「功能最強大」的商品，而是在意自己用了商品之後能得到哪些**價值回饋**，能幫自己建立起什麼**形象**。

該怎麼推銷惡魔果實？

這裡有一個發生在 18 世紀的故事，但別誤會了，惡魔果實是指「馬鈴薯」，而不是海賊王漫畫裡的能力果實。

當時，歐洲的政治局勢非常緊張，接連發生奧地利的王位繼承戰與著名的七年戰爭，導致各國征戰不斷，加上氣候、瘟疫、天災等問題，引發嚴重的飢荒。善於國際貿易的航海家就從從南美洲（也有一說是土耳其），引進了容易種植而且可以快速收成的馬鈴薯，期盼可以解決飢荒問題。

但種植馬鈴薯一事，在普魯士（現今的德國）卻被天主教反對，並駁斥：「聖經上從未出現過這種農作物！」並以撒旦掌管地底萬物為由，人類只能吃生長在地面上的果實跟菜葉。天主教徒將馬鈴薯塑造成惡魔果實的形象之後，讓一般民眾不敢嘗試，推廣過程更嚴重受阻。

假如你是腓特烈大帝[6]的行銷團隊，你會採用哪些方式來推廣呢？我試著回想這些年臺灣政府推廣農產品的幾種方式：

- 宣揚馬鈴薯的營養；
- 購買馬鈴薯可抽獎；
- 創意馬鈴薯料理大賽；
- 馬鈴薯女郎票選比賽；
- 找明星藝人代言。

我有點懷疑這些常見的行銷手法，真的有效果嗎？同一時期法國政府舉辦了「如何解決糧食不足，避免飢荒？」的徵文比賽，名次結果讓人感覺是內定的，但這位創意冠軍的解決方案就是——種植馬鈴薯。[7]

但別忘了，這次腓特烈大帝面對的競爭對手，可是萬萬不可違逆的上帝！幕僚團隊左思右想，終於想到一個絕妙的策略，不與天主教抗爭，反而繞過這份的威脅，成功推廣了馬鈴薯。

他們在皇宮附近大張旗鼓，開闢了一片神秘的農

田,並指派皇家禁衛軍看守,民眾對入口處的一張告示內容議論紛紛,並猜測裡頭到底種植了什麼?

這張告示只寫著一行字:「皇家專屬農作物,閒人不得進入!」巧妙的消費者洞察就發生在這裡,用一句話就勾到了平民百姓,這些圍觀的民眾心想:裡頭種植的食物肯定非常高貴,但無奈只屬於皇室貴族,這輩子根本無法嚐到了。

看完告示後,大夥帶著遺憾紛紛離去。但沒想到,負責看守的軍隊,在夜深人靜的時候故意摸魚偷懶,離開駐守處。沒幾天,有民眾發現夜晚的警備鬆散,於是便偷偷潛入農田挖馬鈴薯回家種植,並嘗試不同的料理方式。因為有了「皇家農作物」的優越感加持,而且大家有食物可吃了,一傳十、十傳百,於是馬鈴薯就遍佈全國了。[8]

群體的影響力

在告示牌上寫著:「皇家專屬農作物,閒人不得進入。」可以立即創造出一種超越平凡的情境,抓住了人們想要追求卓越的心理,讓人更想一親芳澤,因為滿足了偷窺欲。

也有一種狀況是,當我們看到某個餐廳出現排隊人潮,也會默默地提高印象分數。我們會關注名人造訪過的餐廳,並想想自己是否負擔得起,也會瞭解朋友的休閒活動跟自己是否相符,若在社交場合或社群網站上,發現有位新朋友的喜好跟自己一致時,也會不自覺地增加好感度。

情境跟群體的影響力,究竟有多強大呢?

在1956年曾有個非常著名的「阿希從眾實驗」[9]。實驗者會向所有人展示一條原始直線X,同時也展示出用於跟X比較的另外三條直線(A、B、C),在這三條線之中,只有一條和直線X的長度一樣,另外兩條線跟X的長度都有點差距,一般視力正常的人都可以用肉眼判斷出來。

每組七人一起參加實驗,前六人是安排好的樁腳,只有最後一位是不知情的受試者;

| X | A | B | C |

Exhibit 1   Exhibit 2

▲三條線 A、B、C,哪一條跟 X 一樣長?

接下來,實驗者會詢問這七個人:A、B、C哪一條線的長度跟X一樣?

前六個椿腳都會講出錯誤的答案，結果最後回答的那一個人，會有 37% 的比例，跟隨了椿腳的錯誤回答，只有四分之一的人維持自我意見，自始至終都沒有跟隨。講到這兒，你應該可以理解為什麼找部落客來寫體驗文這件事會歷久不衰了，目的就是搶在眾人前面說好話，藉此影響其他人的判斷力。

這種從眾效應，也被稱為「羊群效應」，是一種「社會認同」（Social Proof）下的群體影響力。簡單來說，當大家共同投入某一件事情而形成了群體，就會產生社會認同，當一個人的行為和團體一致時，這個舉動就是合理的，反之就是不合理的；但對於旁觀者，也就是該團體以外的人來說，卻可能覺得荒謬。

假設我們在一個密閉的會議室裡，忽然從門縫竄出一陣濃煙，你會選擇留在原地？還是趕快離開？如果面臨危險，人們都會馬上做出反應對吧？你一定覺得「廢話！這是生物本能啊！」。

但有個實驗找來一群素人，在不知情的狀況下讓他們親自體驗危機現場，測試的結果卻讓人大吃一驚。當受試者獨自關在房間裡頭，面對竄出的濃煙都會馬上離開現場；但如果受試者是和一群人待在房間裡頭，當灰煙竄出卻沒有任何人行動時，受試者雖然露出疑惑的表情，卻也不願意做出任何反應，

甚至過了二十分鐘，房間裡已經充滿煙霧，只因沒有任何人離開，受試者寧願用衣服摀著鼻子，也仍然繼續填寫表單，不願意第一個起身，也不會對煙霧做出任何處理，或尋找冒煙的原因。

跟其他人做出一樣的選擇，不僅可避免犯錯，也絕對不會吃虧，畢竟大家看起來都是一樣的，表面上不會有什麼輸贏。但這裡測試的不只是從眾效應，還呈現出了更恐怖的「旁觀者立場」；意思是，在緊急情況發生的時候，若我們察覺有其他人在場，對於事件本身產生干涉或影響舉動的可能性就會大幅降低，而當旁觀者數量越多，行動力會更低。

例如，當我們在捷運站口看到一個乞討人士時，可能聯想到：「這邊很熱鬧，有很多人會捐給他吧。」然後就停止了掏錢的念頭；但場景若換到一個人潮稀少的地下道時，我們又會覺得：「這邊很少人有經過。」於是就加強了同情心與掏錢的動機。或是，有一個人騎車摔倒了，如果附近有很多人車時，我們通常只會在旁邊觀看，不會有任何舉動，期待有醫護人員或是比自己更有愛心的路人可以伸出援手。我們也常看到街邊明明再也塞不下東西的垃圾桶，路人們還是會繼續往那邊丟，直到滿溢出來，連地上都髒亂無比，還是繼續有人丟。

這些都是旁觀者效應，出現在很多意想不到地方，讓我們的責任感、正義感、同情心⋯⋯都被群

體的存在所擴散（diffuse），直到最後徹底消失。

　　這段影片最後訪問了幾位被困在濃煙裡頭卻不願意出來的受試者，他們都對自己的行為而感到懊悔，也表示如果再次發生這種狀況，絕對會採取行動。

　　這不是某所大學心理系的實驗，也不是防災教育，而是致力於改善全球氣候變遷問題的組織「保衛未來」（Defend Our Future）[10]，希望讓觀者反思，不論是獨自一人還是和一群陌生人，都應該馬上做出反應，面臨更巨大的危險 ——全球暖化問題——不應該袖手旁觀。

　　「保衛未來」提出了三種幫助改善全球氣候變遷的挑戰，如：使用可重複使用的水瓶一個禮拜（不喝瓶裝水）、騎腳踏車、寫信給政府，表明你支持改善氣候變遷的立場，希望我們可以用很簡單的方式，立即採取行動，不要再等待，隨即成為第一位站起來關心環境的人。

▲ 面對濃濃煙霧，你是否會起身反應？

\#

找到消費者在意什麼、關心什麼，
讓品牌成為領頭羊。

做公益，我們到底可以得到什麼？

「為什麼明明很可憐，但你就是不捐錢？」先前我問了一位我的朋友。

這位朋友對社會議題很有見解，對周遭朋友也很熱心，但從未丟幾個銅板給路邊乞討。他解釋：「因為他的殘疾可能是裝出來的，也有些人看起來『只』斷了一隻手，但還有另一隻手可以謀生，還可以走路，智能也沒問題。應該還是可以找到某些工作吧？」

讀者們先別急著評斷這位朋友的道德，或批判他沒有同情心，因為我也曾在臺北東區的某個路口，正準備跟一位輪椅先生買下愛心面紙的時候，他的電話響了，從他口袋掏出的是最新一代 iPhone，甚至還接上了比我還高級的藍牙耳機。在看到這一幕後，我趁機把手上的紙鈔塞回口袋並快步離去，從那次經驗之後，我都會三思而後行。

雖然造假的殘障人士應該只是少數，但卻紮紮實實地影響了許多人的同情心，因為購買商品或到餐廳用餐，都會讓我們直接得到一個實質上的事物，享受到商品功能上的價值或是擁有後的愉悅情緒。但捐款這件事，並不會讓我們得到實體物品，捐款行為也不是「我肚子餓了，必須要吃飯了」或「天氣冷了，要買一件保暖衣物」這種人身需求，捐款之後更不會立即改善對方的生活。

很多社會團體都會利用「溫情效應」（Warm glow altruism）來連結民眾的情緒，透過廣告，傳達出可憐訴求或是急迫的情境，試圖引發大家的同情心。但不妨在腦中，試想一個與你最接近或最熟悉的公益團體或公益廣告，它引發我們捐款的情境跟情緒是什麼？是弱勢族群遭逢的生活困境？地球正面臨災難？北極熊即將絕種？還是你的善心能夠帶來希望？

這些常見的說法，跟我們並沒有實際上的關係，其連結度也十分薄弱，有時候更可以說，廣告中的那些訴求都是「遠在天邊」的事情。

如果在颱風過後，有一位農民損失了大半年的收成，或是在繁華的都市之中，有位獨立扶養孫子的拾荒老人，新聞報導之後都會獲得大量的捐款，原因是他們所處的情境就在你我身邊，跟我們的幸福人生相比，也有極大的反差；這比起北極熊、南極冰川或非洲孩童，更能夠牽動我們的情緒跟同情心。

有許多公益廣告的文案或影片，都會用可憐的情境來搏取同情，彷彿「可憐」就是弱勢族群的一種商品「賣點」。我相信人性本善，我們都有惻隱之心；但從看到廣告開始，直到決定捐款之前，如果有時

間思考的話，我們還會想到比同情心還更深一點的問題。

非常現實的考量和疑慮，跟購買許多商品一樣，捐款並不是一種迫切需求，更沒有非捐不可的理由，因此就算一個弱勢者或弱勢團體的可憐情境，可以吸引到大家的目光，我們還是會考慮很久，例如：

- 這個單位或這個人，跟自己有什麼關係？
- 這些錢，將如何幫助他們的生活？
- 這個團體正派嗎？會不會騙我？
- 捐款會不會被妥善運用？
- 為什麼這個人無法自己賺到錢，需要別人的捐款？
- 要捐給流浪狗？老人？兒童？北極？非洲？還是哪兒比較適當呢？

「要講述商品的賣點」這點，在行銷操作上來說絕對沒有錯，但我們更需要的是**具備讓消費者感同身受的情境**，有許多時候是我們花上大把力氣描述的賣點，其實沒辦法跟消費者創造出連結。因為就算消費者看見了我們的賣點、甚至喜歡我們的賣點，還是會考慮種種問題，例如：

- 產品感覺很好用，但沒有比較誇大的地方嗎？
- 產品感覺很好用，但我真的需要嗎？

- 好像不錯，但有沒有便宜一點的？
- 好像不錯，但有沒有外型更好看一點的？
- 好像不錯，但我會用幾次？
- 好像不錯，但有沒有另一種東西可以替代？

接下來我們會討論一些公益廣告，看他們如何創造出不同的情境跟連結，好讓我們跨越這些疑慮。

只有一個按鈕的 App，想對你說什麼？

為什麼看完公益廣告之後，我們並沒有捐款？因為事件本身（受捐助的對象）和我們有點距離，加上旁觀者效應分散了責任感。如果一個公益團體總是強調弱勢族群的可憐故事來催人熱淚，就算我們會產生同情心，但只要現實生活中有更重要的事件將我們帶開後，例如忙工作、看電影、跟家人聊天、買東西、趕車，或任何更重要的事情，我們就會忘記捐款這件事。嗯，幾乎就是每一件事了。

香港復康會[11] 曾推出一個很有趣，卻也發人省思的遊戲——好按鈕 App（A Good Button）。

啟動程式之後會有一段語音，內容中要求我們用大拇指按住螢幕上的粉紅色按鈕，隨後開始下達一連串的指令。由於一隻手必須按著按鈕不放，只能用另一隻手，單手來完成任務；其涵蓋在我們日常生活中常見的舉動，像是穿上襯衫、扣上鈕扣、開

汽水瓶、剝香蕉、吹氣球等等。我常在聚會當中拿出這款遊戲，看朋友在任務中頻頻失敗出糗，感覺就像綜藝節目一樣的精彩有趣。[12] 但這些被我們當成茶餘飯後的娛樂內容，其實就是殘疾人士每天的生活，少了一隻手不但影響他們的工作跟日常起居，更無法帶來樂趣。

好按鈕 App 跟那些賣弄可憐訴求的公益廣告不同，這款 App 讓我們對殘疾人士「感同身受」，透過 App 的指令設定，使我們親身體驗到他們生活上的障礙與不方便，因此引發出了我們的同理心（Empathy），而不只是同情心（Sympathy）。

同情心跟同理心在英文單字中只差了兩個字母，但意義卻大不相同。

同情心是以**自我**為出發點的，很容易會創造出偏見，也就是當我們產生同情心的時候，會在心裡面默默畫出一條區分彼此的線，創造出：「因為身體有缺陷所以是可憐的，因為跟我們不一樣所以需要幫助……」這種意識，因此無論是捐款行為本身或是觀看事件的角度，都讓我們心中默默昇起高出「那個族群」一等的心態。

但同理心是**站在他人**的角度思考，因為自己體會過「同樣」經驗，所以也就更容易理解弱勢者的處境，進而減少偏見跟懷疑。

不死會員卡，從「延續」連結你我的「關係」

廣告人會不斷創作出催淚形式的公益廣告，其實也無可厚非，因為學校老師跟創意總監都告訴我們：**必須找出商品的賣點。**

雖然很不願意這樣說，但當「弱勢族群」成為我們必須推廣的「商品」之後，為什麼成為弱勢？為什麼需要幫助？跟平常人相比之下哪裡可憐？等等，彷彿都是可以幫助提昇捐款金額的商品賣點。

公益團體之間也跟商業品牌一樣有競爭，因為捐款者的預算其實也有限，就算是個富有同情心的人，多半也只能在幾個公益團體裡頭擇一，又如宣導器官捐贈這件事，更是個大難題，因為跟貧困兒童、老人、流浪狗或颱風受災農民相比，這件事離我們顯然更遠。

根據「財團法人器官移植登錄中心」的統計，全臺灣的器官捐贈比例雖逐年都有上昇，但在 2016 年仍僅有三百三十九個捐贈人，而每年交通意外死亡人數約四、五千人，但器官捐贈人數卻不到其中十分之一，可見宣導上極為困難。[13]

在 2013 年，巴西出現了「不死會員」（Immortal Fans）這個宣導器官捐贈的行銷案例 [14]，不僅大大提高了捐贈率，也徹底顛覆了常見的悲情關懷訴求。

先看看巴西的不死會員行銷文案是怎麼說的：

「以後雖然我死了，但我的眼睛會活在另個人的身上；繼續幫我看著巴西隊拿世界冠軍，所以我是不死的。」—— by 不死會員麥可。

「會有另一個人，因為我的肺而得救，幫我呼吸球場上沸騰的空氣。他會幫我活著！」—— by 不死會員喬丹。

宣導器官捐贈的難度在於，這件事情不是柴米油鹽食衣住行，也不是流行話題，一般人從來不會去思考這件事，更何況，受贈對象是等我們死掉之後才會接受這份「禮物」的陌生人，跟自身沒有半點關係；而器官呢，是我們原本就擁有的財產，這份契約代表著將會有人拿走它，也帶給人們不可預期的壓力和疑慮。為什麼要捐？誰會拿到？有沒有後遺症？家人會不會反對？當一般人一旦開始考慮，捐獻的心理門檻就會急速上升，並放棄這件事。

曾在宣導器官捐贈的網頁上，看到這段文字：

器官捐贈是在人的生命即將結束時，透過無償捐贈將其可用的器官或組織移植給器官衰竭瀕臨生命威脅的病患，這是一種傳承大愛的生命禮物。不僅可挽救器官衰竭病人的生命得以重生，也使受贈者透過器官捐贈的方式，讓生命價值無限延續。[15]

我覺得這是一段頗有寓意的文案，我也一直認同，宣導器官捐贈應該類似捐血，傳遞出「捨得、放手、希望轉移」等等博愛的概念，但這樣美麗的概念，其實不容易創造出跟民眾的連結。

雖然只要是人，都難免一死，對吧？死後留著我們的內臟器官也沒有用，對吧？

仔細想想，這些固然是事實，但，能否幫陌生人打開另一扇希望之門，也真的跟我們沒有直接關係。我們不曾簽下器官捐贈契約多少跟文化習俗有關係，但在心理學上，是因為這只合約對自身沒有半點好處，而且遇上了生死問題，也難免變得嚴肅了起來。

巴西足球俱樂部的捐贈卡，當然也是類似於「一個生命的終止，卻也打開了另一扇希望之門」的行銷概念，但卻有著截然不同的表現，重點就在於跟球迷之間有了連結，用一張塑膠製的會員卡取代了生死契約，將器官捐贈的嚴肅感徹底消除，轉而感動觀眾，也讓捐贈者大大降低了需要深思熟慮的決策過程。

那些死忠球迷，當然也知道器官入土之後，只會成為大自然的肥料；但簽下這份契約之後，卻可以繼續活著，幫著自己熱愛的球隊吶喊加油。這等於

是給了大家一個很爽的理由去做善事，何況那張會員卡還可以隨身攜帶，向眾人炫耀：「我有一張不會死的會員卡喔！」光是這一點就足以創造出社群擴散的條件，更何況，還帶來情緒以及人格上的滿足。

如果因應環保趨勢，我們未來極可能都會火葬成灰，放在甕裡或沉入海底，其實真的可以把器官捐出去，不必堅持留個全屍！搞不好會是下一屆諾貝爾得主領到我們的腎，下一個海賊王拿到我們的肝也說不定！

你對癌症、污染、愛滋的想像是什麼？

這幾年有許多以「人性」出發的實驗案例，不一定都是商業行銷，也有些是社會議題。這類實驗多半採用實境秀或街頭側錄來創造社群關注度，但內容又不純粹是盲目的吸引眼球、炒新聞而已，而是會試圖透過心理因素去創造情境，引發民眾對某個訴求或意識的認同。

在 2015 年，臺灣有一群的醫學院學生（癌友明天協會），舉辦了一場義大利麵試吃活動，但民眾卻紛紛吃到完全沒有味道的麵，正當路人納悶這是怎麼回事？工作人員才出面解惑，這就是「接受化療的癌症患者」進食時的真實體驗！[16]

協會中的成員說道，這個活動的靈感是來自於自身實習時，與病患第一線接觸的經驗，一句廣告文案都沒有，透過情境讓民眾感同身受，更勝千言萬語。

在臺灣，癌症病患目前約有四十八萬人，除了化療掉髮、虛弱、氣色差、體力差之外，還有個外人鮮少知道的狀況，便是化療時會連帶破壞舌頭味蕾，使得病患嚐不出食物的味道，除了影響癌友生活品質，更容易讓病患喪失生存鬥志。這個案例跟香港好按鈕 App 一樣，它們都引發了民眾對重症患者的同理心，而非同情心。許多民眾在瞭解到這碗義大利麵的真正含義之後都險些落淚。

另一位在臺南藝術大學主修陶瓷的李珮瑜，透過畢業專題的機會，收集全臺工業區受污染的土壤燒製成陶碗。[17] 她環繞全臺各地，用這些碗盛裝肉燥飯給民眾吃，很多人聽到手上的陶碗是工業污染的土製成的，全都嚇壞了。李珮瑜也曾到桃園煮給 RCA 工廠[18] 受毒害的阿姨們吃，她們卻說：「我們被毒這麼多年了，吃這一碗也無所謂。」

這個實驗性的行動，或許沒有辦法直接改變工業區的污染問題，但只要是接觸到的民眾都會立刻明白，臺灣確實已經受到污染的傷害，躲都躲不開。

　　在香港，還有一輛「關懷愛滋」零標籤咖啡車，挑戰人們對於愛滋病帶原者的迷思與誤解。這是由「關懷愛滋」團體[19]發起的街頭實驗，他們做了一輛完全密封的行動咖啡車，除了咖啡香味跟廣告標語之外，我們看不到咖啡調製者的真面目，只有一隻羸弱的手臂從車內把咖啡端出來。

　　車上的廣告標語寫著：「跟愛滋病帶原者接觸並不會被傳染。」民眾立即知道那隻端著咖啡的手是來自於一位帶原者；剛開始時，大家帶著偏見跟疑慮，躊躇不敢向前，但慢慢地，有些民眾開始拿取咖啡，並跟車內的病患握手示意，也影響越來越多的人，不再感到畏懼。

▲ 從愛滋咖啡車送出來的咖啡，你是否願意喝呢？

　　再將案例轉向你我熟知的戒煙議題。如果你想請一位朋友戒煙，你會怎麼做？我們多半會想到吸菸傷害健康、二手菸危害家人這樣的溝通訴求，抽煙的朋友大多也會認同；只是就算把肺病、陽痿等等吸煙後的恐怖結果印製在香菸盒上，其實也嚇阻不了吸煙者的購買，一定要溝通到對方心裡頭真正重視的層面，才可能有所影響。例如我有一位朋友是為了兒女戒菸，還有一位是心臟出了問題，否則也不願意戒。

　　那麼，關於土地污染、愛滋、癌症或是正負 2℃，就離民眾更遠了，這幾個由非商業團體發起的情境式行銷活動，直接衝擊民眾對議題的省思，在互動過程中也捕捉到大眾最真實的反應。

渴了嗎？要不要來一瓶「瘧疾水」？

聯合國組織的慈善計畫「白開水計畫」（UNICEF Tap Project），從 2007 年開始宣導「世界飲水日」（World Water Day）。[20] 他們提出一個很簡單的宗旨，鼓勵人們捐出一美元，大約就是一瓶礦泉水的費用，可以讓一個貧窮國家的小朋友飲用四十天乾淨的水。

正在閱讀這本書的你，或是寫這本書的我們，應該都不曾為了一杯飲用水而煩惱過吧？但世界上卻有許多貧窮落後的國家，因為沒有良好的供水淨水設施，而造成嚴重的傳染病跟健康問題，數百萬人因此受苦。只是該怎麼創造出情境，讓民眾對千里外的貧苦人民感同身受？

2009 年「白開水計畫」在紐約街頭設置了一架藍色的瓶裝水販賣機，販售著每瓶一美元的飲用水，當民眾走近一看，發現有幾種口味可供選擇，不過卻都是水質泛黃、混濁，甚至滲雜著泥土碎石的骯髒水，而口味選項上面竟然寫著：傷寒、霍亂、瘧疾，等等各種以疾病命名的瓶裝水。

除非是想要蓄意謀害他人，否則任誰都不會買來喝吧？這種嚇死人不償命的橋段帶來了一股震懾力，讓人瞪大了雙眼。當紐約民眾接觸到販賣機之後，隨即產生連結，包括認知跟聯想，對民眾而言一瓶一美元垂手可得的礦泉水，甚至水龍頭打開就可以飲用的自來水，對貧窮國家的人民來說卻是一種何等的奢求。

摻雜著泥土碎石的骯髒水，你敢喝嗎？每當颱風肆虐過後，臺灣便有許多地區飽受混濁髒水之苦，甚至還有過大賣場瓶裝水被搶購一空的新聞。但誰能想到，非洲貧窮地區的婦女小孩，每天都必須彎下腰來，從泥水坑裡面找水喝。

「髒水販賣機」這個街頭活動引發了無數的新聞報導，它不是用可憐或貧窮的角度，反而是用都市人習以為常的事情，讓大家認識了白開水計畫，也很成功的引發捐款。

◀髒水販賣機案例影片。

西瓜包甜，不甜免錢！

網路上曾瘋傳一張照片，是一位賣柳橙的大嬸用紙板寫下「甜過初戀」四字，被許多網友封為年度最佳文案。

「不甜免錢！」是一種擔保品質的銷售話術，但前提是，必須建立在「品質絕對優良」的前題下，不然寫出這樣的文宣文句相當於自取其辱，砸了自己招牌。當然，一般水果攤為了讓顧客確保品質，常會切個幾塊讓人試吃，並藉此招攬顧客。

但是在什麼情況下、販售什麼商品的時候，你會像水果攤一樣，讓每一個顧客都在用過且滿意的情境之下掏錢？

如果是保養品、化妝品、洗衣粉、衛生紙這類容易回購，也比較容易提供試用包的商品，或許沒什麼問題，試乘、試喝、試吃也很常見；臺灣品牌「微熱山丘」讓上門民眾體驗試吃完整一整顆的鳳梨酥，並奉上一杯熱茶，這件事也讓大家津津樂道。

但如果是一部電影、一本書，這類體驗完畢之後便大大降低購買需求的商品，可以怎麼操作呢？有一些展覽活動或博物館，甚至還會禁止所有的訪客攝影，像是位於東京的（宮崎駿）三鷹之森 - 吉卜力美術館就非常嚴格，在網路上幾乎找不到美術館內部的照片。

在 2014 年，位於巴塞隆納的 Teatreneu 劇院推出一場全新的喜劇，為了減輕觀眾的疑慮，不僅讓大家可以免費入場，還承諾——只要一次都沒有笑出來，就不用付半毛錢。

經歷 2012 年的歐債危機，西班牙面臨經濟下滑、失業率攀昇等問題，這讓民眾的消費能力大幅下降，首當其衝的不是食衣住行這類民生需求，而是削減奢侈品與自身的娛樂支出。（在金融海嘯跟 SARS 之後，臺灣也有類似的狀況發生）。

Teatreneu 劇院團隊在每個座位前方安置了一套臉孔辨識系統，將每一位觀眾的發笑次數拍攝下來並用電腦統計，如果捕捉到一次笑容就收取〇·三歐元，大約新臺幣十·五元。劇團的文宣上面提及：「收費上限只要二十四歐元，請用力放膽笑！」換算一下，等於在兩個小時之內可以盡情大笑八十次或更多，這樣才你花新臺幣九百八十元，比很多舞臺劇的門票都還划算！

很多時候，我們常會因為電影預告片剪得太好、推薦文誘人可口，或是各種莫名其妙的理由進了戲院卻踩到地雷。而且就算有知名導演加持或巨星擔綱演出，也不能保證電影一定好看。

近幾年因為網路影音盛行，降低了人們走進劇院的意願，而且網路上的每一齣電影劇戲，都會有星

等評價可供參考；即便如此，也並不表示觀眾不再願意買票看戲。進劇場或電影院其實包含了社交功能，視聽享受也跟小螢幕不同，民眾不進戲院只是不想要踩到地雷罷了。

願意推出「包甜策略」的 Teatreneu 劇院團隊，對觀眾而言，就是個願意給予消費承諾的品牌，願意用真材實料招攬更多的客人，而不是靠預告片來譁眾取寵。若品牌的行銷活動運用了高科技設備的噱頭，的確可以創造話題性；但 Teatreneu 劇院團隊卻更高竿，用科技設備跟觀眾保證了劇團的演出品質，預告觀眾：「這場秀一定好看，你也一定會笑翻！」。

商業廣告其實充滿了老王賣瓜的現象，保證有效的沒什麼效，保證好吃的不一定好吃，先不提個人喜好的問題，其實消費者們經常都可以看穿廣告的意圖。若考慮到更深的心理因素，觀眾可以隨時退貨（離場）或是作弊（忍住不笑），加上還有收費上限的設定，種種為了顧客著想的設計，都大大減少了對陌生劇碼的疑慮。

毫無意外的，門票在幾分鐘內被秒殺，因為早在宣傳「有笑才計費」的時候就已擄獲所有人的好奇心，入場券又是限量殘酷的。試想一下，如果我們有幸取得這場演出的門票，或是等了半天卻沒搶到，會不會上 Facebook 發文？而入場後，看到捕捉臉孔的高科技裝置，會不會想拍照上傳？最後連我們笑了幾次，被收了多少錢，也都有話題可聊！

這些跟觀眾接觸的每一個情境環節，都是精心設計過的腳本，每一處都在幫劇團創造社群分享的機會，難怪在 2014 年的坎城創意節，這個案例獲得眾多評審的青睞，一共拿到：數位體驗、實體活動、數位裝置運用、消費者上門體驗等八個獎項！[21]

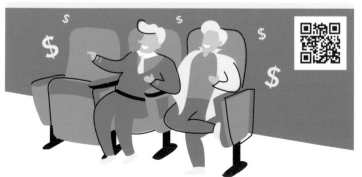

▲ 用笑出來的次數收費，好笑才收錢。

#

讓消費者親自體驗感同身受，
才能創造分享的機會。

＝＝＝＝＝＝＝＝＝＝＝＝

消費者到底在想什麼？

社會學中有個名詞：Social Stigma（社會污名），用比較好懂的方法來說，就是人與人之間的刻板印象，或稱「偏見」。

例如：同性戀者的性生活紊亂、成績好的學生不會玩、日本男人普遍好色、老闆都死愛錢、講臺語的中老年人學識比較低、女性比較不會開車、男性不擅長做家事、清潔工比較沒有社會地位等等。其實都屬於偏見，也是刻板印象，也可能是以偏概全。當然，也有比較正面的偏見，例如：女性比較細心、非洲人擅長跑馬拉松、法官律師為人很正直、醫生很重視健康之類的，其實也不盡然如此。

如果有人跳脫偏見的框框，像是：女性賽車手、男性家事達人，貪污的法官，捐出數百萬做公益的清潔工等等，就會讓大家印象非常深刻，甚至登上新聞版面。

行銷人很喜歡利用這種心理反差，例如第二章提到的 SK-II，找來了十二個領域的成功女性，拍攝了她們改寫命運的真實故事，令我印象最深的林靖嵐因先天重度聽障，克服聽不到音樂的障礙，成為臺灣第一聽障舞者。這故事十分激勵人心。

只是「偏見」也會發生在種族、性別、殘疾、年齡、職業等各種地方，大眾會為了不同的理由去區隔另一個族群，給他們貼上標籤，並把他們的言行跟「負面特質」做連結，例如常有人看到車禍，便不分青紅皂白把肇事責任指向老人、女人、老女人，出現「三寶不意外」、「女駕駛不意外」、「未看先猜三寶」等言論。[22]

或是，我們也會把剛出社會的年輕人說成是草莓族，來強調這群年輕人缺少抗壓性，又或者長輩常常隨口一句：「你年紀這麼小，懂什麼？」但大多時候，這些被偏見對待的人根本就沒有錯，只是我們把某些負面元素誇大，用自己的立場來以偏概全。

偏見，persona
形象，也等於偏見

撰寫本文時（約莫 2016 年），臺灣正對同性婚姻（多元成家）修法議題爭吵不休，裸身上空參加高雄挺同遊行的女教師，更因為身分關係而成為全民焦點。[23] 另外，也有兩派不同的觀點分別在爭執：非法經營的 Uber 是否該離開臺灣[24]，以及臺灣政府是否阻礙了產業創新？[25] 除了各自立場帶有的主觀意識之外，也都具有偏見色彩。

其實，我們喜歡上一個品牌，喜歡上一個明星藝人，或一個新朋友，甚至開始幫他們說好話，其實都不見得是在非常瞭解他們的狀況下才這麼做。單純只是這些人與商品散發出的某種形象，由於特色非常鮮明，觀感便就從此定下來了。

如果把情況倒過來，當我們討厭一件事，或討厭一個人的時候，情況也類似。這些喜歡或討厭的感覺，你可以描述得非常清楚，而且情緒分明，比起大多數的普通人，無論是好的還是壞的，他們也給了你更多的「印象分數」。

會提到這些，是因為品牌認同這件事情，在某種程度上，其實就是消費者對你這個品牌的刻板印象與偏見。從第一印象開始，就必須累積**好感度**，從許多不同的溝通層面的把品牌樹立成「我是跟其他品牌截然不同的角色」，才有可能一步步攻佔消費者的心。

我覺得「好印象」當然比「壞印象」好。不過「壞影響」還勝過於「沒印象」，不曉得你同不同意這句話呢？

地鐵站裡的曠世奇才

前兩天，收到一位朋友轉來的電子郵件，信中提到：「一個尋常週五上班日的早上，一個看似尋常的街頭藝人表演，卻有著不尋常的意義⋯⋯。」

信中內容還寫道：在人來人往的華盛頓 DC 某地鐵站的入口，有一個人演奏了四十五分鐘的小提琴，從巴哈到舒伯特的聖母頌，然後拉曼努埃爾・龐塞（Manuel Ponce）、朱爾・馬斯奈（Massenet），最後再又拉回巴哈。

在這四十五分鐘的演奏過程中，只有七個路人真正停下腳步聆聽小提琴手的演奏，而他的這段演湊一共只募到了三十二美元，當他演奏完畢一曲時，沒有一個人給他鼓掌，在路過的上千人當中只有一個人發現了這名小提琴手的真實身分：當今世界上最有名的小提琴音樂家之一──約夏・貝爾（Joshua Bell）。

曾經多次獲得葛萊美獎的約夏・貝爾，在地鐵站裡演奏的是世界上最難的幾個曲目，而且他使用的是義大利斯特拉迪瓦里家族所製，價值三百五十萬美元的名琴！但諷刺的是，在兩天前，波士頓的歌劇院裡，約夏・貝爾的演奏門票要價上百美元，且座無虛席！

這件事，真的發生在 2007 年 1 月 12 號星期五的上午 7 點 51 分，由華盛頓郵報所策劃[26]，目的是為了測試人們的知覺、品味和行為傾向。在原文中有幾段影片，可以一探當時路人匆匆經過，卻沒有發

現稀世珍寶就在身旁的情景。

當天約夏・貝爾刻意低調，裝扮成一般的街頭藝人，也沒有演奏討喜的通俗曲名，選的都是經典名曲。這車站可也不是位在郊外，往來旅客素質較不平均的地段，反而是華盛頓的核心地帶，中產階級居多的區域。

「如果一位世界頂尖的小提琴家，假扮成街頭藝人，會得到多少人的認同？」

同樣的問題，記者問了國家管絃樂團的音樂總監，他預估一千人之中，大約會有四十人聽得出這是個非常好的演奏，至少會有一百個人停下來聆聽，而且一定會有群眾聚集。但結果卻如上所述的淒慘，

▲ 地鐵站裡的曠世奇才。

個個行色匆匆，彷彿人人都是每秒幾十萬上下的重要人物。

只能說，專家們太高估平民百姓的音樂素養，還有，在現實壓力下，我們趕著為豬頭老闆工作的心情，已經感受不到生命中美好事物，其實就在身邊發生。

約夏・貝爾在回顧這段實驗時，說了一段挺心酸的話：「這是個奇特的感覺，路人們竟然無視於我」（It was a strange feeling，that people were actually，ah......The word doesn't come easily......ignoring me.）。

在音樂廳的情境裡，約夏・貝爾必定會在意聽眾咳嗽或是沒把手機關機，但在這個現實的世界，他的期待卻自動降到最低，一位理當受人愛戴，高高在上的演奏家，開始因為有人注意到他，或是有人給一美元而不是幾毛而感到興奮，演奏完一首曲目時，習慣性的享受聽眾如雷的掌聲，當時，卻殘酷的沒人給他應得的喝采。

那位唯一認出約夏的女士，因為三週前才在音樂會上聽到他的表演，因此她貢獻了約夏・貝爾所收到的三十二美元中的二十元，可想而知，其他人給得有多麼少了。

對約夏・貝爾來說，這次的經驗或許心酸，但他知道這反而不是「真實」的狀況；在他回到自己的

世界後，他仍然會是受人愛戴的音樂家。此經驗對他只是個有趣的體驗，但相同的處境對一位真正的街頭藝人來說，卻是再真實不過的家常便飯。

現在我們來假設，場景換了，這回真的是一位街頭藝人的故事，我相信以他的才情，就算他不是知名的演奏家，在戲棚下站久了，總會有人發現這人是個角色，只是，事情往往不是這樣演的，因為迫於現實的壓力，他能不能熬得下去？能不能有所堅持？亦或是他撐了幾天，發現無法靠如此低廉的時薪過活，乾脆改行去當了「送行者」？看到這，各位心酸的上班族，如果沒有受到豬頭老闆應有的重視，或許可以稍稍平衡一點吧！

在我的部落格上頭，有位朋友提到心理學的「月暈效應」（Halo Effect），這個理論是指我們在觀看另一個人時，往往只會用自己僅有的認知去瞭解；自以為明察秋毫，事實上卻是以偏概全。

一位年輕貌美、身材佼好的女生，為什麼會跟矮胖的保時捷中年男子在一起？你會不假思索地說：「因為她是個拜金女。」而一位音樂家為什麼會在街頭演奏？我們也可以在一秒鐘就回答出來：「因為他的演奏不高明」，或是延伸推論出因景氣不好而導致失業這樣的判斷，而且自以為這些推論合理無誤。

然而，一旦下了判斷，再敏銳的音樂欣賞能力，都無法改變自我的主觀意識；甚至反過來說，買票進場的觀眾，也可能僅僅是因為身處於國家音樂廳，才覺得這音樂感動人心。這也跟「價格與品質成正比」的迷思相當類似。有時候，我們因為無法分辨兩件類似物品的好壞而左右兩難，就會因價格而去購買那個你認為「貴一點就應該就好一點」的東西。

其實我們在工作上、社會上，或是各種購物的決策情境，不也是如此？像是該買哪家的鑽戒求婚會比較浪漫，哪支手錶比較能彰顯自己的時尚品味，送哪個禮物代表自己有孝心，或是哪一種維他命對身體比較有效等等，無一不是品牌對你創造出來的偏見跟行銷情境。

然而價格昂貴一點的，品質一定就比較好嗎？買這家品牌的鑽戒，真的就可以換得恆久遠的愛情嗎？這已經不重要了，因為讓消費者產生偏見之後就是這麼回事，讓他們相信──你獲得的比你付出的多更多──就達到目的了。

偏見是如何影響民眾的想法

在職場裡，我們常認為主管想法守舊，不喜歡變化；而主管則認為年輕人缺乏經驗，容易判斷錯誤。在學校裡頭，老師會認為成績好的學生比較不會說

謊，成績不好的學生是害群之馬等等。甚至我們自己都說過類似的話：

「你們 XX 顏色的（政黨）就是這樣……」
「你們年輕人就是這樣……」
「你們女人都是這樣……」
「你們男人都是這樣……」
「你每次都是這樣……」

這些都足以表示，「偏見」確實存在我們的日常生活當中。在某一年的情人節，美國公益廣告協會 Ad Council 與聯合利華合作，於聖塔摩尼卡大道上企劃了「愛沒有標籤」（Love Has No Labels）活動。這個戶外舞臺設有一個特效裝置，小螢幕後站的是男女老幼，在螢幕前都會化為骷髏，讓人無法分辨。

在螢幕中的骷髏彼此親吻、擁抱，或是開心跳舞，隨著音樂親密而歡樂的即興演出，不過，當臺下觀眾紛紛納悶時他們的真實身分時，螢幕後的真人就走到幕前。答案揭曉時，臺下民眾紛紛露出驚訝的表情！

貌似一男一女親密親吻的骷髏樣貌，其實是兩個女同志；幕後的一對年輕男女熱情摟肩，其實是一位黑人女孩跟一位白人男孩；而開心跳舞的小孩骷髏，其實是位唐氏症患者。

這就是偏見帶給我們的影響力，你察覺到了嗎？我們把自己跟別人中間畫上了一條線，認為弱勢族群跟我們不一樣，認為老人家不會跳舞、唐氏症的寶寶不知道什麼是快樂，甚至認為不同種族或同性結合根本不是愛情。

▲ 骷髏人，在拿掉了種族、年齡、性別這些標籤後，我們都一樣。

如果遠遠看到一個髒兮兮的流浪漢，我們可能會掩鼻繞道；如果看到一對同性戀情侶牽手接吻，可能會投以異樣眼光；甚至在搭乘公車時，我們也會刻意避開汗流浹背的人，這些都顯示著我們會因為外表去**區隔**彼此。在愛沒有標籤活動中，骷髏樣貌遮蔽了每個人的真實身分之後，進而讓大家面對了這個問題。不論我們的學歷或道德標準有多高，也不管我們隱藏的多好，每個人都會為了自身的觀點而擁有偏見。

我很主觀，那又怎樣？

讀到這兒或許你會說：「對，我們多少都會主觀，會以偏概全，但那又怎樣？」每個人就是會有自己的喜好跟厭惡，這也談不上是錯啊。

但如果剛剛那些案例，尚未喚起你的深切感受，這裡還有個故事：

在下雨的倫敦，有兩個女人坐在餐廳裡的吧臺鄰座喝咖啡，其中一位帶了把街頭常見的黑色雨傘；而另一位沒帶傘的女人在結帳離開時，迷迷糊糊地拿起對方雨傘就走。

帶傘的女人大叫說：「喂！妳幹嘛拿走我傘！」只見沒帶傘的女人一臉尷尬，頻頻道歉。這件事讓她想起，等等去接兒子下課的時候會需要用傘，於是在離開店後她隨即買了兩把新傘，一把準備給兒子用。

回家的路上，這兩個女人又搭上同一輛公車；帶傘的女人盯著那兩把傘，語帶輕蔑地說：「我看……妳今天的成績還不錯嘛！」

這就是偏見這件事所產生的力量。

我最近曾經在某場活動場合遇到一位部落格的讀者，在一陣寒暄過後，我發現他對我默默下了一個「平常很喜歡下廚」的結論；但這個結論的來由，只因為我最近張貼了幾次自製晚餐的照片，其中一次是簡單的蔬菜湯，另一次更只是幾顆煎蛋而已。但我給他的印象，卻已經是「喜歡下廚的人」了。其實在更早幾年以前，也有讀者以為我（Johs）的真實年齡是在五十五歲左右，但見到我後又讓他嚇了一跳；這是步入職場得早，影響了我說話方式跟語調，加上本人特別喜歡某個年代的復古音樂，又會寫書法等等原因所致，因為類似事件不斷的被呈現出來，在讀者心裡就塑造出一種「大叔」的個人形

象。這兩個案例也都是很明顯的偏見。

在一篇熱門貼文或新聞底下，如果刻意去做研究跟分類的話，我們常會發現四種參與社群互動者的角色：反對者、擁護者、觀望的路人，還有一些抱持中立、對兩方立場都不太反對，覺得各有優缺利弊的人。我們的社群分析人員，包括我自己，時常都會去研究一些熱門的文章新聞或文章，看看不同立場的人，對同一件事情會產生哪些觀點。然而**行銷人最忌諱的，是只用單一角度來看事情。**

例如，你在校園裡聽一位女大生說自己在特殊場所上班，你可能下意識會說她墮落了；但如果有一位從事特殊行業的女性說自己白天在大學唸書，你可能會覺得她努力向上。這也是相似的道理，事實上她們是同一個人啊！

研究民眾對各種事物的偏見，跟研究品牌形象塑造的過程，其實十分雷同，也都是很有趣的事，而且很多時候我們都會發現，你初次見到她的情景跟情緒，就決定了絕大部分的觀感，也通常不容易被改變。

雖然說偶像劇常常都是這麼演的：一對原本互相不喜歡的男女，在一個巨大誤會下遇上彼此，又不斷發生一些事情讓彼此的偏見加深；爾後他們會慢慢解決這些問題，幾個禮拜之後終於修成正果，把

觀眾的情緒帶入最高潮。這樣的劇情總是特別好看，但我相信，沒有人希望會有這種困難重重的情節出現在自己的品牌裡吧？

澳洲怎麼解決種族歧視的問題？

如今提到臺灣的原住民，你會不會跟天性樂觀、運動健將、會唱歌、好酒量，等等劃上等號？但太年輕的讀者可能不曉得，過去原住民常被大家貼上「山地人」的標籤，被大眾認為文化素養不足、不唸書、愛喝酒、不事生產、連國語都說不好等等，是被認為很負面的一個族群。

加上政府給予原住民貸款優惠、考試加分、議院保障名額等福利，更是間接造成了不平等的現象。你沒看錯，這些對原住民的福利政策看似是好事一樁，但事實上，卻是拉出了明確的界線，加重了我們對彼此的偏見與歧視。這種把原住民跟非原住民劃分開來，似乎也在告訴大眾說：原住民跟我們是不同的，低我們一等，所以政府才要給予一些福利或保護。

在臺灣，因為時代的進步，觀念的改變，我們對原住民已經不再像過去帶著如此強烈的歧視，反而有時候是種正面的嘉許。事實上，歌手張惠妹、張震嶽、棒球國手陳金鋒、王建民、王維中這些能力

優秀的原住民，在讓更多人認識臺灣這件事情上，真的功不可沒。

把場景拉到澳洲這個舉世聞名的觀光勝地，貌似歡迎各國人種來訪，許多年輕人嚮往打工遊學，實際上卻是個對原住民充滿種族偏見的國家。

據澳洲精神健康機構 Beyond Blue[27] 統計，有 27% 的澳洲原住民經常遭受到種族歧視，而位在托勒斯海峽（Torres Strait）上的原住民居民更是高達 56%。有超過三分之一（37%）的人認為，政府所提供的原住民福利，造成這些原住民的懶惰個性，而且在工作或社會上並不值得信賴。[28]

你一定沒想到，澳洲原住民是這樣子被對待的：當他們進到餐廳準備坐下時，其他人卻走開了；走進商店買東西，店員盯著他們看的方式就好像盯著小偷；應徵工作，面試官的眼神裡覺得他們是騙子。這種感覺非常糟糕，但他們所遭遇的不平等待遇，並不是因為做了什麼見不得人的事，只因為其臉孔是——澳洲原住民。

而在現今的澳洲，原住民還是受到白人社會根深蒂固的偏見歧視，在工作場所和社交活動會遭受到冷落或迴避，這些都造成心理上的傷害和壓力，進而產生交友跟工作困擾，連帶開始有了焦慮、抑鬱、精神健康狀況不佳、心理困擾、自殺的各種危險性，

甚至酗酒、藥物濫用、情緒行為等問題。

根據 Beyond Blue 的研究發現，甚至已有超過兩百萬的澳洲原住民，都有焦慮的狀況，但大多數的人都沒有意識到嚴重性，因此該機構發起了「停止、思考、尊重」（Stop. Think. Respect.）這項反歧視運動，並且拍攝短片在電視上播放。

在這支宣傳影片中，澳洲原住民不管走到哪，總是遭受到非善意的對待，即使他們什麼也沒有做，旁人就因為偏見而開始在心裡評斷這個人。影片上傳到 YouTube 不到三個星期，已累積超過一百萬人次觀看，以及兩千六百筆留言，讓民眾覺察潛意識裡的種族偏見。

「別跟他眼神交會」、「不可以坐他旁邊！」、「你知道他在想什麼嗎？說不定在想著偷東西。」你是否也曾經在心裡頭出現這些壞聲音，下意識地避開那些跟你不太一樣的人？例如流浪漢、流浪狗、乞丐、汗流浹背的工人、外勞，或是超級尺寸的重量人士？在街上遇到時，心裡面悄悄地想著：儘量別跟他們接觸，稍微離他們遠一點好了。就算他們根本沒做錯，也沒對其他人做出任何事情。

有些時候，偏見是歷史文化造成的，有可能是無心的玩笑，也可能是被刻意創造出來的。如果你還年輕，不清楚本省人、外省人有哪些恩怨……那還

記得 2014 年太陽花學運時期嗎？當時你的 Facebook 塗鴉牆上面，是充滿了換上「黑色大頭貼」的好友？還是充滿了「叫學生回去上課」的貼文？不管你是支持哪一方，在太陽花事件期間，塗鴉牆上的好友動態都會越來越偏向「我方」的立場，而「非我族類」的貼文就會越來越少出現。

這其實是 Facebook 對於好友動態採取一種特殊演算法，也就是透過一些程式運算來分析大家的行為，刻意隱藏我們不常按讚或忽略掉的訊息，又刻意加強我們喜歡關注的訊息，增加這類好友的曝光。

這個特殊的現象，最近被稱為「同溫層」效應。

沒多久後，反服貿的人自然而然成了一國，跟反學生的另一群人互相帶著敵意跟偏見。其實，雙方都有各自抱持的理由觀點，並不一定有明顯的是非對錯，但原本友好兩個人卻互相謾罵，甚至互刪好友。嗯，真的是一個好特別的現象。但，你們應該和好了吧？

追逐陽光兩百天的柳橙

刻板印象這件事在商業市場上也有非常多的例子。

我曾在電視節目上，看到某位專家利用各種化學添加物示範「該怎麼把清水變成果汁？」

這名專家先在杯中加入了檸檬香料，讓清水聞起來帶有檸檬的酸味，但喝起來還是沒有味道；隨後再加入了甜味劑，喝起來就比較像是檸檬汁了，只不過整杯「果汁」仍然是透明無色，跟市售果汁差異很大。接著他拿出試管，滴了幾滴起雲劑到杯中，如真實果汁一般的半透明濃稠感立即呈現出來，再加入色素攪拌一下，登登！ 0% 原汁的檸檬飲料就完成了！

在廣告法規尚未修訂之前，市場上充斥許多原汁含量極低，卻假借果汁之名販售的商品，但後來政府規定包裝上必須標示果汁含量比例，消費者才赫然發現自己早已被化學香料、調味料，以及各種行

銷手法所蒙蔽了。例如散發濃厚香氣、色澤濃郁、包裝上印有食材的、寫上「天然」二字的，就比較容易被誤認是「純正」的商品。

這幾年，各種食安問題浮現之後，消費者才發現，我們的的味覺與身體早已被化學食品殘害多年。只是一直以來，為什麼我們都沒有自覺？答案就是商人們善於創造「印象偏見」。當消費者想要解渴的時候，很多人會從價格、口味、品牌印象、外包裝、飲料顏色等思考點來挑選產品，且多半會把健康問題擺在最後頭。

曾經也有幾年，多肉少菜的外食族聽到「青菜底加」（臺語：青菜在這裡）的廣告詞之後，前仆後繼的去搶喝蔬果汁，但實質上它的果汁含量多寡，對身體的幫助有多少，消費者多半也不清楚。

如今法令規範較以往嚴格，原汁含量不足的產品只能標註自己是「水果風味」的飲料，再也無法用「果汁」二字來幫產品命名。然而現實情況總是道高一丈，魔高一尺啊。

幾年前，市面上出現一款熱賣的水果風味飲料，也沒有稱自己是果汁，而是利用你對果汁的印象與偏見，讓你誤以為是真果汁。它的主成分是水跟蔗糖，再來才是極少量的柳橙果肉、濃縮果汁、香料等，果汁含量標示出僅占 10% 而已，原汁比例超低，卻有嬌豔欲滴的水果顏色，以及濃郁芬芳的水果香。這……莫非是找來了劉謙大師來著？

這款飲料的特色是含有果粒。因為一點點略帶咀嚼感的果粒，加上鮮黃的色澤，外包裝上更在瓶身底部開個窗口，讓消費者看到裡頭懸浮的果粒，真的很有真實感；因此我們產生一種「新鮮水果被保留下來」的錯覺。但是這份真實感，卻也是商人額外添加進去的，和瓶身包裝上的水果圖片一樣，都是「被設計」過的樣貌。

該飲料的主打廣告文案也寫得很巧妙：「嚴選兩百天日照的陽光果肉」、「追逐陽光兩百天的柳橙」。企圖把「陽光」和自己的「品牌形象」畫上等號。然而，這兩句看似充滿價值的品牌優勢，其實只是非常普通的「商品事實」，甚至談不上是商品賣點。

倘若我們追根究柢後不難發現，柳橙的生長期大約是七至八個月，在採收前的兩百多天都是活在陽光底下，扣除陰雨天的平均值，大概所有的柳橙都是日照兩百天，根本不需要特別去嚴選的啊。

看到這兒的你，也跟我一樣曾經誤認它是一款又美麗又有果肉的真果汁嗎？其實，不過是因為這些被商人創造出來的五感印象，左右了我們的認知罷了。

為什麼要抽煙？ vs. 為什麼抽這個牌子？

美國影集《廣告狂人》（*Mad Men*）劇本背景設定在美國五〇年代，廣告產業正蓬勃發展的時代。上個段落中提到的「追逐陽光兩百天的柳橙」案例，讓我想起該部影集第一季開場，主角們經手的第一個案子。

1964 年美國政府發表了第一份「抽煙與健康」分析報告，間接影響了眾多菸草業者的生意，整個美國都陷入煙草對身體有害，抽煙會引發癌症的恐懼氛圍裡。菸草商 Lucky Strike[29] 委託劇中男主角唐‧德雷普（Don Draper）的廣告公司，針對這次市場危機提出解決方案。

一開始大家毫無頭緒，直到男配角彼得（Pete）提出一個溝通概念：「每天開車上班，雖然有人因此死亡，但你還是需要前往你要去的地方；因此，香菸危險又怎樣？這世界本就充滿危險。You are a man, Smoke your cigarette。」

這個概念的輔佐論點是心理學家佛洛伊德說的：「大眾內心潛藏著『對死亡慾望的驅動力』，大眾渴望死亡、內心有求死的意願。」這有點像是冒險的西部精神，或是放手一搏的感覺。

劇中男配角彼得內心的想法是：因為健康報告已經被公佈了，大家都知道菸草對人體有害，我們如果再說抽煙對健康無害也無法扭轉現況。因此只能轉個方向──將原焦點轉成新論點。不再讓大家聚焦於那份健康報告，而是審視自己的態度──像個男人，勇往直前。

但影集嘛！怎麼可能讓配角搶走光芒。這個論點看起來沒有問題，然而只說對了一半。

大環境跟大眾的觀念難以被改變是正確的，不正面迎戰也是正確的，但他提出的溝通概念卻是告訴消費者：「反正橫豎都要死，不如像個男人，跟 Lucky Strike 一起死」。這不僅會讓消費者跟負面的品牌印象做連結，而且只溝通到了對健康議題無感的男性，但這次目標對象其實應該是關心健康議題的人。

男主角唐不認同這個方向，而且突然發現這個健康報告或許不是個危機，而是一個絕佳契機，好建立品牌與眾不同的形象，因此強烈主張 Lucky Strike 不要跟其他品牌一樣，千萬不要去觸碰健康報告這件事，建議菸商去跟消費者強調：「為什麼你要抽 Lucky Strike ？」

於是唐問菸商老闆：「你們怎麼生產香菸？」

他得到的答案是：「栽培（Grow），收割（Cut），加工（Cure），烘烤（Toast）」這四個過程。

其實，每個香菸品牌都是經過相似的製造過程，

只是 Lucky Strike 不用傳統的日曬法，而是烘烤菸草與種子，男主角因此想出了一句廣告標語：

Lucky Strike, It's Toasted！

幸運的一擊，值得慶祝！

（也可譯：幸運的一擊，是烘烤過的！）

當年的美國，香菸是男男女女不可或缺的商品，男主角認為每一個牌子都在強調「抽煙對健康並沒有多大的害處」，不僅無法提昇品牌與消費者之間的連結度，反而有可能會再次加強了品牌與健康之間的負面連結，反而更讓人記起那份報告。

唐提到生命中美好跟幸福感是來自哪裡，像是聞到新車的味道，從恐懼當中獲得自由等等，在抽煙享受的時候也會讓人有類似的感覺。"Lucky Strike" 是品牌名稱，同時也是保齡球擲出一擊全倒的意思，"Toasted" 除了烘烤之外還有舉杯慶祝之意，這個標語加強了品牌形象的正面積極，有著精準的雙關語，極富創意，也將影響健康這個劣勢化於無形！

你不妨問問身邊抽煙的朋友，大家都知道抽煙會影響健康卻還是繼續抽，對吧？當大環境都陷入煙草會致癌的氛圍裡，每個品牌都聚焦在「解決消費者的負面印象」，一心只想扭轉劣勢，然而，品牌最根本也最需要傳達的，或許只是品牌對消費者而言的真正價值和品牌獨特性！當大家都在做一模一樣的事情，或許獨樹一格、反其道而行才是解藥。

其實，菸草商 Lucky Strike 自 1917 年就採用 "It's Toasted" 作為品牌標語，因為《廣告狂人》的劇情安排，才把 1964 年的抽煙與健康報告（The 1964 Report on Smoking and Health）[30] 跟 1917 年的品牌標語結合在一起。在此之前，香菸品牌常會引述醫生或沒有事實根據的言論，例如 1930 年 Lucky Strike 的廣告上頭說：烘烤可以移除喉嚨刺激及咳嗽的危害（Toasting removes dangerous irritants that cause Throat irritation and Coughing.），這種誇大的廣告行為在 1964 年之後都不再被允許。

倒不出來的番茄醬，比較好？

在八〇年代，蕃茄醬領導品牌 HEINZ，也就是一向以玻璃瓶裝的亨氏蕃茄醬，遭逢了巨大的挑戰。

亨氏的競爭對手，發掘了消費者長期以來對玻璃瓶番茄醬的隱性抱怨，因而推出了形狀與玻璃瓶身相仿，但卻是以塑膠軟瓶製作的外包裝，因為標榜更好擠出裡頭的番茄醬，能輕鬆地倒出，用到一滴不剩，而且摔不破；也大大降低了生產成本，以及重量產生的運送費用，可說是解決了玻璃瓶身的種種缺點。

然而，亨氏蕃茄醬與其廣告代理商（李奧貝納）並沒有正面迎合市場方向，也沒有將玻璃瓶立刻換成塑膠瓶。反而是提出一句廣告標語：

The best things come to those who wait!
最好的東西，給那些值得等待的人！[31]

亨氏與 Lucky Strike 的不與「抽煙與健康」報告正面迎擊的策略相似。而且亨氏也根據該溝通概念，拍攝了一支膾炙人口、並榮獲坎城廣告大獎的品牌廣告。

在廣告裡頭，當年才二十歲左右，因演出影集《六人行》走紅的藝人麥特・勒布郎（Matthew Steven LeBlanc）[32] 先把玻璃瓶裝的亨氏蕃茄醬的瓶口打開，平躺在五層樓高的公寓天臺。再從容不迫地滑下樓梯，向街上攤販點了一份不加任何醬料的熱狗堡，隨後滿懷自信的盯著屋頂，讓番茄醬準確滴落在他的熱狗上頭。

看完這支廣告後，可以更確定亨氏蕃茄醬完全不打算跟塑膠軟瓶對抗，反而是把不容易倒出來這個缺點翻轉成優勢，讓消費者認同亨氏番茄醬比較濃，這才是品質優秀的表現。

這個例子在行銷圈成為經典案例，同時提醒了我們，反過來利用消費者的「成見」來做行銷，品牌主不一定要對競爭者的每一次出招都進行反應。亨氏臨危不亂的態度與跳脫框架的思考，不僅讓他們暫時躲過銷售危機，也同時強化了「經典番茄醬」地位。

而再根據一些商業人士推測，亨氏當年沒有立刻改換包裝的原因，很可能背後還有各種經營層面的考量，例如：亨氏已囤積了大量的玻璃瓶庫存，難以在短時間內消化完畢；改換生產流程是耗費鉅資的，對企業影響甚鉅。

多年後，因為塑料不僅成本低、質輕，可減少運送時的搬運人力與油耗，還不容易破損，消費者的反應更加良好，使得塑膠瓶成為業界主流，亨氏最後當然也妥協改換塑膠瓶包裝，只留下少數玻璃瓶的生產線。然而，至今也有一些來自餐廳的客戶們仍不想換成塑膠瓶，因為：玻璃瓶比較有質感，不想給客人較廉價的感覺。

像個女生一樣

當臺灣衛生棉品牌還在強調商品功能，訴求「超吸洞」、「很敢動」等商品價值時，寶僑卻棋高一著的要女生當自己，不要活在社會的偏見裡頭。

2014 年，寶僑公司針對美國和英國的三千名女性，做了一份「青春期自信心與身心狀況」調查。有 88% 的受訪者對於「女孩子就應該怎樣怎樣……」

的話語跟標籤，感到十分有壓力；而 72% 的女性表示，她們對「社會的期望與要求」感到退縮，其中又有 53% 的女孩，在青春期過後，便缺乏信心去嘗試她們在年少時想去做的事。

根據這個調查，寶僑旗下的衛生棉品牌 Always（臺灣：好自在〔Whisper〕） 推出一個行銷策略「像女生一樣」（#Like A Girl），獲得了巨大的迴響。

▲ 像女生一樣，你覺得該是怎樣？

「像女生一樣」這句話常常帶有貶義，像女生一樣跑步，像女生一樣打架，像女生一樣丟球……社會化後的成人若聽到指令，都會裝出一種不太符合現實的「娘娘腔動作」，但拿同樣問題去問小女生時，她們反而很忠於自我，直率地揮拳、踢腿，跨出大步向前跑。

#Like A Girl 的宣傳廣告在 YouTube 上的瀏覽量，到 2015 年大約有三千多萬次，在沒有廣告投放之後，甚至在宣傳期已過了一年多仍不斷增長，2016 年 11 月，已超過六千萬人次觀賞，而且這還只是英文版的成績，在其他國家語系的觀賞數量並沒有計算在內。[33]

這支廣告除了拿下了 2015 年坎城創意節的公關類大獎，#Like A Girl 也是美國超級盃史上第一則被播出的女

性用品類廣告。但，或許，因為「多芬」多年來傳遞的「自信美」概念太過強大，當我在看同樣很棒的這支好自在影片時，腦海裡不斷地想到多芬。

如果你在看完廣告後也跟我有一樣的想法，可以在《Motive 商業洞察》搜尋多芬的案例。

經典口味的薄皮嫩雞，為什麼不賣了！？

你記得肯德基的薄皮嫩雞嗎？這是莫約三十年前，肯德基剛登陸臺灣時唯一販售的炸雞口味，也是我從小學到高中最喜歡的食物之一。

薄皮嫩雞的賣點是創辦人桑德斯上校，使用了十一種香料調製而成的經典口味；後來也曾經因為《這不是肯德基！這不是肯德基！這不是肯德基！》系列廣告，而重新翻紅一次。但肯德基登臺之後的幾年，曾根據臺灣人口味推出一款辣味卡啦脆皮炸雞，並與薄皮嫩雞並存，變成消費者最熟悉的兩種商品。

在 2014 年 5 月，肯德基推出另款同樣採用十一種香料調製的「上校薄脆雞」，默默取代了超過二十年歷史的招牌薄皮嫩雞。許多老饕因為不喜歡新款，加上舊口味是無預警停售，於是就上網痛批，甚至還有旅居臺灣的外國人拍影片發洩怒氣。但當然，也有很多消費者對薄皮嫩雞一點掛念跟情感都沒有。

如果硬要用二分法來切割消費者心理，那當人們進行購買決策時，會產生兩種截然不同的運作模式：「理性決策」（Cognitive model）與「情感決策」（Affective model）。但事實上從本書中的許多案例可以看出，我們在購買東西的時候，時常混雜著複雜的決策因素（往往沒有理論上分析得如此簡單）。

啟動理性決策的時候，我們會專注於**產品本身**的事實，例如價格、功能、性價比（C/P 值），像是本章節中提到「以發笑次數計費」的喜劇，就是超高的 C/P 值與娛樂功能的保證，而劇情的深度、精神、文化或藝術價值就不是那麼的重要；而啟動情感決策模式時，會帶著**強烈的感覺跟情緒**來進行消費，例如對韓國演藝圈有憧憬的女性，只要提到韓國熱銷就會提高關注度，甚至有不少消費者會花上大把鈔票，參加毫無產品功能可言的「偶像見面會」。

二十幾年前臺灣的速食店選擇比現在少了很多，「薄皮嫩雞」對當時年輕人而言，幾乎等同西式炸雞，因

而放大了他們的情感價值。時至今日，這些人都過中年了，但速食店的主力消費族群依舊鎖定在高中生、大學生、年輕上班族，現下的年輕人自小便有許多口味炸雞品牌可供選擇，對薄皮嫩雞也就完全沒有情感連結，自然回歸到理性的評估，也就是口味喜好決策。

然而肯德基會將傳承三十年的經典口味下架，認為現在的消費者比較喜歡咬起來酥脆、裹粉較厚的脆皮口感，相信是透過銷售量分析得來。而另一說是：臺灣肯德基不太幫薄皮嫩雞操作行銷宣傳，而是不斷推出新口味來吸引消費者，嘩眾取寵推出太多商品，忽略了品質跟服務的管理。當然，這點無法獲得臺灣肯德基的證實。

不論口味變化與現下銷售族群分析如何，我相信，比起無預警的停售，肯德基其實可以辦幾場惜別派對，邀請死忠粉絲來迎新送舊，或反過來利用經典口味停售來創造新聞議題，也可以讓新產品更順理成章的承接上去。

而在「薄皮嫩雞」下架十個月之後，網友們的抱怨風波從未停止；終於民意上達天庭，肯德基挑選了全臺一百多家門市當中的十家，重新販售薄皮嫩雞。雖然並非全面性恢復，但也證明了：品牌真的不能完全漠視消費者的心聲。

漢堡王也玩無預警停售？

在 2009 年，美國漢堡王也有一起停售事件，只是他們將停售徹底當成一次行銷噱頭。

麥當勞的代表作是「大麥克」（Big Mac），漢堡王的代表作是「華堡」（Whopper）。這樣說應該不會有人反對吧。但有一天，漢堡王的全體店員卻跟顧客說：「對不起，我們不賣華堡了，永遠的！」或是私底下把「大麥克」裝進華堡的包裝紙裡，並偷拍消費者驚嚇的（freakout）反應。

這些顧客在得知華堡下架後，有的感到不可思議，且露出疑惑的表情；也有些死忠粉絲已經吃了大半輩子的華堡，聽到停售或是看到裡頭裝著大麥克，可是立刻飆出髒話來！

肯德基停售薄皮嫩雞，是因為銷售數據顯示消費者的喜好改變，進行商品線的汰舊換新，事後固然引發民怨，但畢竟是商業利益考量。「華堡嚇壞了！」（Whopper Freakout）活動，卻是惡搞性質十足的行銷實境秀；兩支側拍影片獲得將近八百萬次的瀏覽量，甚至引起網友模仿，重拍麥當勞版的「大麥克嚇壞了！」連剪接方式和取景角度都幾乎完全仿製，獲得三百多萬的瀏覽量。

漢堡王所執行的這個整人實境秀，最後會由漢堡王的那位「國王」親自奉上免費的華堡，並安撫顧

客瀕臨界線邊緣的情緒。我想,這是為了讓消費者感受到「沒有華堡後的失落感」,並試圖彰顯華堡在消費者心中的地位。

這種行銷策略或許有趣,但對品牌來說也可能是種冒險,稍有不慎就可能產生負面效果,但在 2008 年至 2010 年期間,漢堡王把目標群眾鎖定在:大胃口的年輕男性,而且在更早之前把「國王」形象具體化之後,漢堡王就以「無賴、搞怪、Kuso、不正經」作為溝通語調,其中有許多引起話題也充滿爭議的案子,例如「國王」曾在半夜突襲睡夢中的顧客,預告門市開始深夜販售;也曾經在廣告中示意偷竊麥當勞的早餐配方,宣告開賣滿福堡了!

還有一則煽情又充滿性暗示的電視廣告《長雞堡》(Long chicken),廣告中賣弄雙關語並暗喻性魅力;辣妹看著男子手中緊握的「長雞堡」搔首弄姿,讓另一名男子羞愧地收起自己的「短漢堡」(Short burger)。這則廣告在 YouTube 上得到超過五十萬的瀏覽次數,可見這類吃重鹹的影片引起年輕目標族群的興趣,突顯漢堡王與年輕男性溝通的企圖。

這些行銷活動挑戰社會大眾的尺度,刻畫出年輕搞怪的品牌形象很受年輕人歡迎,但也有評論家認為這種溝通語調,已經跟漢堡王的品牌形象完全分離了。

注釋來源

1. 馬斯洛需求層次理論（Maslow's Hierarchy of Needs Theory），由美國猶太裔人本主義心理學家亞伯拉罕 • 馬斯洛（Abraham Maslow）提出。由人的低至高層次需求形成：生理、社交、尊嚴、自我實現、超自我實現。

2. 出自《創新者的解答》（*The Innovator's Solution: Creating and Sustaining Successful Growt*，2013）。

3. 出自《創新者的解答》（*The Innovator's Solution: Creating and Sustaining Successful Growt*，2013）。

4. 美國社會心理學家、哈佛大學教授戴維 • 麥克利蘭，於 1940-1950 年代提出成就動機需求理論，又稱作三種需求理論。該理論將人的高層次需求，歸納為成就、權力、親和。http://wiki.mbalib.com/zh-tw/%E9%BA%A6%E5%85%8B%E5%88%A9%E5%85%B0%E7%9A%84%E6%88%90%E5%B0%B1%E5%8A%A8%E6%9C%BA%E7%90%86%E8%AE%BA。

5. 詹昭能，〈親和需求〉，國家教育研究院雙語詞彙、學術名詞暨辭書資訊網，http://terms.naer.edu.tw/detail/1314697/，(2000/12)。

6. 腓特烈二世（普魯士）維基介紹：https://zh.wikipedia.org/wiki/%E8%85%93%E7%89%B9%E7%83%88%E4%BA%8C%E4%B8%96_(%E6%99%AE%E9%B2%81%E5%A3%AB)。

7. 阿群，〈食物歷史：《歧視馬鈴薯》〉，阿群帶路部落格，https://kwantailo.wordpress.com/2014/04/26/%E9%A3%9F%E7%89%A9%E6%AD%B7%E5%8F%B2%EF%BC%9A%E3%80%8A%E6%AD%A7%E8%A6%96%E9%A6%AC%E9%88%B4%E8%96%AF%E3%80%8B/，(2014/04/26)。

8. leo87，〈普魯士國王與馬鈴薯〉，批踢踢實業坊 gallantry 版，https://www.ptt.cc/bbs/gallantry/M.1241104132.A.35D.html，(2009/04/30)。

9. 阿希從眾實驗維基介紹：https://zh.wikipedia.org/wiki/%E9%98%BF%E5%B8%8C%E4%BB%8E%E4%BC%97%E5%AE%9E%E9%AA%8C

10. Defend Our Future, http://defendourfuture.org/。

11. 香港復康會，http://www.rehabsociety.org.hk/zh-hant/。

12. A Good Button App, http://itunes.apple.com/hk/app/a-good-button/id473179578?mt=8。

13. 〈106 年度器官捐贈人數統計表〉，財團法人器官捐贈移植登入中心，https://www.torsc.org.tw/docList.jsp?uid=158&pid=9&rn=2090375736，(2018/01/30)。

14. Julia Carneiro, "How thousands of football fans are helping to save lives," *BBC*, http://www.bbc.com/news/magazine-27632527, June 1, 2014.

15. 〈器官捐贈移植〉，衛生福利部雙和醫院，http://shh.tmu.edu.tw/OldShhorg/page/Dept.aspx?cost_code=DW00。

16. 官方帳號，〈48 萬人都吃過的義大利麵，看完我鼻酸了〉，中華民國癌友明日協會，http://www.recoverymate.org/?p=board&bs=1&tp=20150626013841，(2015/06/26)。

17. 李育琴，〈一碗肉燥飯承裝全臺土地污染，「環南道」邀民眾品嚐環境哀愁〉，環境資訊中心官方網站，http://e-info.org.tw/node/115584，(2016/05/25)。

18. 臺灣美國無線電公司污染案，又稱 RCA 事件。1970 至 1992 年美國無線電公司於臺灣設立「臺灣美國無線電股份有限公司」，於 1994 年六月遭舉發 RCA 桃園廠長期挖井傾倒有機溶劑等廢料，導致廠區土壤及地下水遭受污染。

19. 香港關懷愛滋官方網站，https://aidsconcern.org.hk/。

20. Casanova Pendrill, "Dirty water," http://www.adsoftheworld.com/media/ambient/unicef_dirty_water, (#I)Ads of the World(/#I), July 13, 2009.

21. Jake Bickerton, "Eight Cannes Lions for Glassworks' laughter app," http://www.televisual.com/news-detail/Eight-Cannes-Lions-for-Glassworks-laughter-app_nid-4372.html, *Televisual*, June 24, 2014.

22. 〈馬路三寶〉，PTT 百科，http://zh.pttpedia.wikia.com/wiki/%E9%A6%AC%E8%B7%AF%E4%B8%89%E5%AF%B6。

23. 蔡文居，〈挺同上空女老師被調查 鄭敏：造成了一些壓力〉，自由時報，http://news.ltn.com.tw/news/life/breakingnews/1915438，(2016/12/12)。

24. Mia，〈Uber 違法？看看各國政府怎麼接招〉，INSIDE，https://www.inside.com.tw/2016/08/09/uber-worldwide, (2016/08/09)。

25. 呂紹玉，〈憑什麼罵臺灣政府不擁抱創新？細看 Uber 在各國面臨的法規〉，TechNew 科技新報，https://technews.tw/2016/12/12/uber-in-other-countries/, (2016/12/12)。

26. Gene Weingarten, "Pearls Before Breakfast: Can one of the nation's great musicians cut through the fog of a D.C. rush hour? Let's find out," https://www.washingtonpost.com/lifestyle/magazine/pearls-before-breakfast-can-one-of-the-nations-great-musicians-cut-through-the-fog-of-a-dc-rush-hour-lets-find-out/2014/09/23/8a6d46da-4331-11e4-b47c-f5889e061e5f_story.html?utm_term=.0f4052f3b1ba, *The New York Times*, April 8, 2007.

27. 澳洲憂鬱防治及心理健康促進的非營利組織，成立於 2000 年 10 月。官方網站：https://www.beyondblue.org.au/。

28. "Aboriginal and Torres Strait Islander people," https://www.beyondblue.org.au/who-does-it-affect/aboriginal-and-torres-strait-islander-people, *beyondblue*.

29. Lucky Strike, https://en.wikipedia.org/wiki/Lucky_Strike.

30. "The Reports of the Surgeon General: The 1964 Report on Smoking and Health," https://profiles.nlm.nih.gov/ps/retrieve/Narrative/NN/p-nid/60, *U.S. National Library of Medicine*.

31. 'The best things come to those who wait!', https://en.wikipedia.org/wiki/The_best_things_come_to_those_who_wait.

32. 美國演員，在美國影集《六人行》中，飾演男主角之一的喬伊 • 崔比雅尼。

33. SocialBeta ／編譯：艾米栗，〈「像女孩一樣」並不可恥！好自在品牌精神 - 重新詮釋〉，Motive 商業洞察，http://www.motive.com.tw/?p=10405, (2015/08/05)。

從舊數位到新數位

"

社群媒體，是品牌和消費者溝通最好的工具。

但我們應想的是：

如何與他們建立更深的連結，

他們才可能對品牌產生下一步的行為。

"

數位行銷的複雜程度是所有媒體之冠，因為市場上有各種不同的網路平臺與網站類型。十幾年來，各種行銷技術不斷登場，一方面讓我們投入更多的學習成本，而另一方面，也發展出各式各樣前所未見的創意。

但，數位行銷並不是搶搭最新的科技熱潮，就一定會贏。

本章節雖以新舊數位為名，但不會過度吹捧最新最炫的行銷手法，反而還會提到一些「有點歷史」的案例，看這些「當年勇」帶給我們什麼啟發。（有些可適用至今，有些不行）

社群行銷，是品牌和消費者溝通最好的工具！

「＿＿＿＿＿是品牌和消費者溝通最好的工具。」這句話簡直像個箴言般，在這十多年來，我至少聽過二十種以上的版本，有許多「數位科技」或者「創新名詞」被行銷人放到上頭的框框裡，而社群行銷則是從 Facebook 登臺開始就被吹捧至今。

但實際上呢？若非要我說，社群行銷這件事的地位就跟 Office 系列一樣，每個人的電腦裡頭都要有一套，但並非安裝（採用）了它們，你就一定會是商業高手或提案大師。

曾看過一個非常震撼的網路影片，那個年代還沒有 Facebook，而是朋友用 MSN（ Messenger）發送過來的。影片裡頭是一位從頸、肩、手、胸、背，甚至面部、腋下、頭顱都布滿刺青的男子，在替化妝品代言的廣告。強而有力的粉底遮蓋住他全身的刺青，然後又卸妝、恢復真面目。這支影片搭配節奏明確且強烈的音樂，獲得幾百萬的流量，我僅看過一次就永遠記得，但也因為刺青客的鋒芒太強，卻一直想不起來他是「替哪個化妝品牌」進行代言。

過了一段時間，我在 Facebook 看到這個化妝品品牌的新案例，他們請來一名很漂亮的黑人女性，影片也是拍攝她緩緩卸妝，最後鏡頭讓我們看見這名黑人女性的臉，都是一塊一塊的白斑，也就是白化症患者。當她開口提到小時候的創傷陰影的時候，我腦中同時浮現以前學校裡，曾有位同學因為皮膚問題而被霸凌的畫面。從此我不僅記住它了，而且好感度激昇。

▲ 刺青客創造出話題，白化症美女創造出共感力。

整個世界運行速度變快的結果，是每件事我們都想問：有沒有快速達成的方式？有沒有一定成功的方式？而在遮瑕粉底的兩個案例裡頭，成功的條件是什麼？我猜你會說：他們拍了成功的影片，讓大家願意分享、散播，而變成一場病毒行銷。

在第二章提到 SK-II 的時候，我們提到（提供）了這個幾乎只要是成功案例都會有的共通規則：

1. 品牌拋出議題。
2. 引發消費者共感。
3. 讓網友參與討論。
4. 進而產生認同。

從上述四項列點當中，我抓出的關鍵字是：**議題、共感、參與、討論**。

白化症美女的影片可以很完整地走完這個循環。然而，刺青客雖充滿話題性，卻缺少了共感、參與、討論的影響力，我們頂多是看完之後按了個讚，然後行銷人員們「哇」了一下，再賺來一些分享數罷了，消費者會覺得酷炫，但話題也僅止於刺青。

刺青客跟白化症美女案例上的差異，其實才是舊數位跟新數位的區別。刺青客的影片，能被讚，被分享，對傳統行銷來說已經算成功了。

許多行銷人面對數位行銷的因應法則總是：找出流行話題，用最新的工具，找最夯的網紅。這樣的操作方式常讓人覺得，只不過是把「創造議題」這傳統行銷年代的做法，原封不動地搬到網路上罷了。

我們在幫客戶操作社群內容的時候曾歸納出，下列幾種特定類型的訊息，較容易引起網友的反應：

- 從來沒看過的；
- 引人發笑的；
- 跟我有關的、我想關心的；
- 令人生氣的、不公平的；
- 誇張的；
- 怪異的；
- 讓我感同身受的；
- 對我有幫助的。

但我希望你忘掉這些。因為話題性**不代表**能讓消費者願意認同這個品牌，而且太過強烈的訊息，或是為求吸睛而忘掉溝通本質，過了一段時間後，就會被另一個炫目的創意給壓過去。

我們應該設想的是：除了讓消費者點點頭、笑一笑、玩一玩、看一看、爽一爽之後，能否對消費者**建立更深層的共感連結**，才有可能對品牌產生下一步的行為。

就像一部恐怖片，能嚇到人跟能讓人產生毛骨悚然的恐懼是不同的層次。

幫幫嘉義朴子的香瓜阿嬤

2013 年夏季的深夜裡，我在家中看到風災新聞時，不假思索地搜尋了相關訊息。發現有位不知名的網友，替嘉義這位不知名的老農婦成立了粉絲團。

新聞大致上是這麼說的：臺灣嘉義地區有一位八十歲農婦跟地方農會租地貸款，即將收成，但因為前些日子颱風侵襲，導致老農婦種植的香瓜全部泡水潰爛，不僅租地耕種的貸款難以償還，長期住院的丈夫也缺乏醫療經費，老農婦在鏡頭前痛哭。[1]

約莫十一點多時，這個粉絲團僅有四十多位粉絲，在版主的熱心公益驅使之下，我一起按下了讚，並將粉絲團推薦給數十位朋友，我猜想，同時可能有四十多人跟我正在做一樣的事吧。

翌日起床後，這個粉絲團的人數已超過一萬人。

這則新聞引起了熱心網友的關注，某位熱心的朋友成立了粉絲團，而成員們又紛紛地拖一拉一，主動性的把訊息擴散出去。這種自發性的漣漪效應，是因為網友都認為自己正在做一件正確，且有益社會的事。

嘉義香瓜阿嬤事件，後續還包括這些：

- 找到老農婦的住所。
- 透過地方管道聯繫農婦，表達願意捐款之意。
- 許多不認識的網友，互相約定時間前往探視。
- 引起民意代表、地方官員即刻關注，並前往探視作秀。
- 因老農婦婉拒捐款，里長家電話被網友打爆。

「幫幫嘉義朴子的香瓜阿嬤」粉絲團在三天之內就獲得兩萬七千名粉絲，網友們也在這段時間內，共同完成了很多善舉（該粉絲團目前已關閉）。[2]

這個事件我追蹤了幾天，我們也都清楚香瓜阿嬤不屬於任何品牌，這個事件看似也與行銷無關，但我心想，行銷活動如果能觸動網友的共感跟情緒，也可以幫品牌完成許多事吧？

消費者願意幫品牌做什麼？

你要朋友？還是漢堡？

　　最近有位湖南朋友來臺灣旅行，興高采烈的申請了 Facebook 跟 Line 後，也不管認不認識，在一夜之間胡亂加了上百位好友。這讓我想起臺灣剛開始瘋 Facebook 的那一年，大夥都在追求好友數量的時候，漢堡王卻辦了一個反其道而行的活動——叫粉絲們「刪掉十個朋友」。

　　玩法是這樣子的：

Step1：登入活動網頁，幫你把好友頭像撈出來，要刪哪十個人自己選；

Step2：活動機制判斷你是否真的刪除了十人；

Step3：檢查無誤，就寄送一張華堡兌換券到你的信箱；

Step4：到漢堡王門市，兌換最受歡迎的招牌漢堡。

▲ 該刪哪十個好友呢？

　　行銷效益是從刪掉十位朋友開始的；群眾開始掉進了病毒式行銷的漩渦裡：

1. 從好友名單當中刪除的十個人，多半會找出比較熟悉的朋友。
2. 朋友察覺這件事後，傳訊息來問你：「為什麼刪了我！」
3. 經過你的解說跟道歉，朋友也得知這個活動，

4. 朋友覺得有趣，也參加了這個活動。

5. 他從好友名單當中又刪除了十個人。

漢堡王的這個案例，堪稱社群行銷史上最重要的里程碑之一。雖然，在技術上只需要一組小程式就可以辦到。

由一個人擴散到十個人，十個人擴散到一百個人，一百個人擴散到一千個人，這就像超強病毒般，一被沾到就開始傳染。而這個活動紅到讓 Facebook 官方跳出來干涉，因為在短短一個星期內，就有六萬人次使用這個刪好友的 Facebook 應用程式，共計有二十多萬個好友被刪除！

然而故事可還沒完。協助漢堡王策劃這次活動的廣告代理商 CP&B 更趁勝追擊，對傳統媒體大發新聞稿，讓還不知道這個活動的民眾們，例如還沒開始玩 Facebook，或好幾天才上網一次的，全都知道這件事。

其實漢堡王推出的這項「遊戲」，靈感應該是來自於舊時代的幸運信公式。如果你像我一樣是骨灰級的人物，或者看過電影《我的少女時代》，應該還會記得以下步驟：

- 這封信來自某某傳教士（或寺廟），在地球上環繞了 N 圈，幸運已降臨在你的身上。

- 有人轉寄出去之後，考上理想中的學校，也有人置之不理就生了重病。

- 再次強調：轉寄就會好運降臨，不轉寄就會遭逢厄運。

- 只要在幾天內轉寄給十個人，就可以獲得幸福。

「幸運信」的這個主題，最早曾出現在 1977 年的漫畫《哆啦A夢》裡。故事中的大雄收到一封「不幸的信」，必須轉寄給三十個人才能消除厄運；正當大雄苦惱之時，哆啦A夢拿出道具：「信件反查郵筒」，意外查出寄件者是小夫（阿福），然後又找出寄信給小夫的源頭。故事的最後，哆啦A夢與大雄讓厄運信同好會的人彼此互寄給對方，才終結整個事件的迴圈。

類似這種的劇情，其實是利用小朋友的無知以及上個世代的迷信心理；而漢堡王利用免費午餐創造出來的連鎖效應，不僅幽默還更勝一籌。

當時漢堡王的廣告代理商說：「願意犧牲朋友來換取華堡，可是忠誠度極高的表現。」可這種被免費贈品引誘而來的顧客對品牌並不會死忠，因為如果麥當勞也推出一樣的活動，這群民眾也會跑去玩麥當勞的；只不過，「刪除 Facebook 好友」這件事的話題性的確非比尋常。而且更可以想想，漢堡王

在當時是以幽默惡搞形象出名,若換到麥當勞,或者其他顧及自身形象的品牌,敢不敢這樣玩?

在被 Facebook 禁止之後不久,漢堡王又用了另一種惡搞方式來表揚忠誠粉絲。他們在電視頻道上推出一個互動方式極為簡單卻又不可思議的廣告,名為「華堡欲」(Whopper Lust),據說是在夜晚時段播出。玩法是要我們盯著螢幕上熱騰騰到冒煙的大華堡一直看,只要死盯著三十分鐘,就可以獲得一張免費兌換券;但這項活動難度在於,每隔幾分鐘,你就要隨著畫面上的指令,按下遙控器的指定按鈕。

像我這種沒耐性的朋友,應該連五分鐘都堅持不下去。但是,這場活動也讓漢堡王送出五萬個華堡,可謂盛況空前!

人拉人模式(Member get member)

「○○○您好,我開設了一個 Facebook 個人檔案,裡面有我的相片、影片及活動。我想將你列為我在 Facebook 上的朋友,這樣你就可以看到我的個人檔案。你首先要加入 Facebook。然後你也可以設立你自己的個人檔案。謝謝,○○○。」

這封由 Facebook 官方發出的邀請函,看起來還真像幸運信。

在 Facebook 登入臺灣的第一年,就暴增了近四百萬會員,包括 Facebook 自己以及眾多熱門的小遊戲,都是依靠「邀請函」跟「人拉人」的方式來快速提高擴散速度。有些遊戲甚至會把邀請朋友設計成遊戲的任務關卡,朋友則會因此收到一些有趣的遊戲訊息;有些比較壞心的程式則會默默「扒」走好友名單,使用你的名義發出一大堆邀請函。

《餐城》(Restaurant City)、《寵社》(Pet Society)這些熱門遊戲你應該還記得吧!在 2009 年時,每天都有數百萬甚至上千萬玩家登入 Facebook。開心農場更透過 Facebook,在短時間內獲得全球八千三百萬名會員,一堆虛擬農夫每天掛網種菜、偷菜,也貢獻數千萬美金購買虛擬寶物。

但好景不過一年,因為各家遊戲公司發送訊息與邀請好友的行為太過氾濫,這種人拉人的擴散模式,在無預警之下被 Facebook 宣告禁止,各家遊戲公司跟廣告公司,不得再使用動態時報和交友圈進行促銷活動,不能再張貼訊息到使用者的動態時報上,也不能再大量的邀請好友、標記好友。

這條規定有一個不透明的過渡期,當然,Facebook 並沒有告知各家廠商的義務。除了遊戲之

外，一些品牌的行銷活動也都在這麼做，但只要被網友或競爭對手檢舉，或是擴散速度太快遭到 Facebook 察覺，就會立刻被封鎖官方帳號、關閉應用程式、停權等方式懲罰。一段時間之後，大家就不敢再嘗試了。

後來，Facebook 進一步把各種商業訊息都過濾到使用者的垃圾信箱，等於間接宣告了 Facebook 小遊戲的終點，而那些品牌活動，也再也無法賺到什麼免費的擴散。

在 2009 年 3 月，開心農場的發行商 Zynga 公司市值才突破百億美元，但在同一年底，卻下跌超過 80%，其原因除了競爭者湧入，農場經營類型的遊戲過多導致玩家們的新鮮感消退之外，Facebook 禁止發送邀請訊息的政策，也讓遊戲公司無法快速招攬玩家，更是背後的一大主因。

其實不難理解，人拉人的手法如果肆無忌憚起來，或是為了免費擴散而讓整個塗鴉牆都充滿廣告訊息，都會引起民眾對 Facebook（平臺）的反感，所以非禁不可；另一方面，雖然有一些品牌活動或遊戲十分受到大家喜愛，但免費幫忙擴散這一點，其實也阻礙了 Facebook 賴以維生的廣告收入。

比較讓人惋惜的是，極受網友歡迎的遊戲《餐城》，其開發團隊在 2010 年被美商藝電收購之後，

最高紀錄曾有十七款遊戲同時營運，但在隔年，就有多達十一款的遊戲收攤。包括最受歡迎的《餐城》跟《寵社》，這兩款遊戲都在 2012 年終止服務，正式成為眾人的回憶。

在這段期間，「人拉人」（Member get member，簡稱 MGM）的行銷活動多如蛋糕旁的螞蟻，從行銷的角度來看，是因為社群網站的使用方式，改變了消費者參與活動的意願。[3]

實體的人拉人不易成功的原因之一，是因為你（介紹人）需要填一堆朋友的資訊：姓名、電話、email⋯⋯，讓人有一種出賣朋友來換取自身利益的感覺，這有點扭曲了 MGM 的原意——**好東西要和好朋友分享**。因為我是真心喜愛這個品牌，所以我樂於推廣給更多朋友也享用；但在現實生活裡的運作中，反而有點因為你剛好是我的朋友，所以讓我利用一下的味道。漢堡王叫你刪好友，感覺上是把這件事給顛倒過來，但本質上其實也算。

請試想一下，如果我們在街頭活動攤位上，看到攤位寫著「用朋友的個資換飲料」來試喝，你應該不會填下自己跟朋友的電話或 email，只為了換取這項資格吧。可是 Facebook 的分享機制卻超級方便，隨便點選幾個你覺得「應該也喜歡這個品牌的人」便能發出邀請，然後經過對方的同意才會生效。整

個操作過程中，你也不再會有罪惡感，真的很接近MGM精神——好康道相報。

運用 Facebook 登入活動或官網，不需要再填一堆資料才能夠加入會員，降低了進入障礙，只要輕輕按一下「同意加入」，讓 Facebook 跟品牌的應用程式連動一下，就算完成了，接下來就可以直接讓網友跟品牌互動，豈不快哉。

例如手機遊戲會要求玩家串連自己的社群帳號，可看到自己在好友當中的排名，在遊戲內聊天，或是互相組隊、贈禮。或是，我們用同一組 Facebook或 Google 帳號，就可以登入各家購物網站。因此串連社群帳號對消費者來說，還算有一點價值。

但今年（2018）科技圈也發生一件的「劍橋數據中心事件」，他們打著學術研究的名號，實際上卻透過線上測驗等遊戲，暗地裡蒐集用戶個人數據，並曾受雇於川普（Donald Trump）競選團隊，協助總統選戰。這件事被劍橋數據中心裡的一位創辦人爆料之後，因為媒體鋪天蓋地的報導，讓這家分析公司失去眾多的客戶跟商譽，最後宣告破產。

「有一款遊戲蠻好玩的，我正在玩喔！你要不要一起來玩？」如果是朋友的邀請，大多數消費者都願意點開來看看。只不過，這種手法後來就開始泛濫成災了。Facebook 也因為劍橋數據中心事件而決議要實施更嚴厲的管制。

消費者會喜歡品牌，或許是因為某個有趣的行銷活動或是品牌創造出的某個話題等等，在期待自己加入該品牌後，可以獲得更多的資訊。可是，當這股熱情開始消逝或不存在之後，消費者也會隨時變心。試想一下，如果肯德基跟麥當勞都舉辦了「送漢堡」的活動，漢堡王的粉絲會不會去？答案當然是肯定的！因為消費者對你的忠誠度，並不是代表堅貞的鑽石啊。

根據一些非官方的統計，粉專貼文的觸及率已經降到 0.5% 至 5% 之間，如果上頭的文字越多、促銷意圖越明顯，這個觸及數字就會更刻意的被降低。就算品牌對網友超有誠意，消費者也超喜歡我們的貼文，還是很難觸及到粉專總人數的 10% 以上。除非你採取 Facebook 喜歡的方式 —— 多下點廣告 ——才有可能；或是在 2016 年至 2018 年間，因為Facebook 開始推廣影音跟直播，因此這兩種方式能得到的自然觸及率，也會比圖文形式要來得更好。

身為行銷人，如果從不曾用數字成效來取悅自己或你的上司，我只能說你技巧欠佳；但午夜夢迴面對自己捫心自問時，我們應該懷疑也同時在意：這些數字的意義到底在哪裡？

對網友發送免費禮品或是抽獎，這種湊熱鬧拿好

康形式的活動，的確會讓會員數、觸及率、點閱率等等瞬間上昇，可是故事不會因此就結束，好日子也不會從此跟著你，更硬的挑戰還在後頭。因為這些人，來得急也去得快，為了抽獎活動而來的網友，並不會留下來跟你的品牌掏心掏肺的。

獲得粉絲之後怎麼讓場子熱起來、持續發光，要重「質」？還是重「量」？怎麼調整貼文的內容，怎麼下廣告，怎麼讓互動的趨勢越來越熱絡？這才是社群行銷真正的挑戰！

Gmail 的飢渴行銷

Gmail 平臺正式開放之前，我們對 email 裡附加檔案的大小總是斤斤計較，而且三不五時就要清理信箱，以避免被郵件塞爆。在當時，Yahoo! 的免費信箱不過 20MB，Hotmail 只有 5MB，Google 的 Gmail 提供 1GB 容量，對所有人來說都深具魅力，但偏偏又是限量邀請制，讓許多消費者望而興嘆。

▲ 限量邀請制讓 Gmail 更顯奇貨可居。

　　Gmail 原本只在內部員工及親友間測試，2004 年初，他們開始邀請一些 Blogger.com 的活躍用戶，也就是部落客們的加入。先找這些意見領袖的動機很好理解：因為 1GB 空間前所未見，又是早期測試，這些缺乏題材寫文章的科技控跟電腦玩家們都會樂意宣傳。然而這些種子部隊也會得到一些邀請權，可以自行決定要邀哪些親友。也因為一般人拿不到門票，只能眼巴巴地流口水，又更突顯了這些部落客的身價非凡。

　　這招可遠比「付錢請他們寫體驗文」更棋高一著，對吧！

　　「你有 Gmail 的邀請權嗎？你可以邀請我嗎？」創造出當年科技圈最熱門的話題，面對 Yahoo! 跟 Hotmail 的迷你空間，Gmail 簡直是神一般的存在。但他只是創造出奇貨可居的現象罷了，還因為一開始釋出的數量非常稀少，一度變成可以在拍賣網站跟虛寶交易網站上頭找到的有價商品。

　　此事件演變到後來，可能是檯面下的「帳號交易」現象有點失控，也可能是開發已經接近完善，準備粉墨登場了，Google 在 2005 年初對每個 Gmail 使用者跟 Blogger 都發送五十個邀請權，這些數量一般人根本發送不完，漸漸供過於求；不久後，則又簡化了邀請的方式，只需輸入 email 就可以將邀請函發出。但，嚴謹的 Google 還是過了兩年之後，也就是 2007 年初才讓 Gmail 正式登場，任何人都可以免費申請。

　　「你什麼時候開始用 Gmail 的？」這句話其實跟「你的 ICQ 號碼有幾位數（數字越少代表越早申請）」一樣，在網路圈甚至可以代表你的數位資歷。

　　其實，有許許多多的網路平臺都會採用邀請制，像線上遊戲的「封測」會邀請忠誠會員或是具有號召力的玩家優先體驗遊戲，並把部分的優勢資訊公諸於世。其重點不是要不要辦封測，而是我們的商品有無足夠的實力，讓玩家們體驗過後仍念念不忘，這才有機會造成迴響。

　　在 Gmail 之前的勝者：Hotmail，是靠每一封信底下的「現在就到 Hotmail 申請你自己的免費電郵帳號。」只要用戶寄出一封信，就幫忙做了一次病毒式的擴散，這件事，甚至被寫入維基百科[4]，列為病毒式行銷的經典案例。而現在，你會不會覺得是 Gmail 完勝？

　　在 2018 年 5 月，本書接近完工時，我的交友圈也出現一間非常熱門的酒吧，因為大家很想去，卻不得其門而入，會員資格是推薦制的而且只有會員本人可以預約。詳情可搜尋 "Staff only club"。或許這家酒吧的主持人，也是被 Gmail 所啟發的呢。

#

社群擴散並不是一個機制，
而是消費者認同一件事之後自然而然發生的。

品牌忠誠到底有什麼價值？

「品牌忠誠度」這件事，除了購買時的指名度之外，到底還代表什麼？它從何而來？會有哪些具體影響？在行銷學的課堂上，品牌忠誠度總被教授講得模模糊糊的。

去年才從廣告學系畢業的新同事說：「我只吃同一款口味的泡麵。算不算品牌忠誠度？」這其實只算產品偏好跟個人口味喜好，可算是一個小粉絲，但還談不上對品牌忠誠。

但如果，這個泡麵品牌推出的每一種口味，不管難吃與否你都愛，而且每週交換著吃，還跟所有人侃侃而談，舉出各種口味跟其他競爭對手的優缺點，想出各式創意吃法，也知道哪個賣場的貨色最齊全，那我相信你絕對是超級粉絲，值得被邀請到總公司一遊，並且招待你三天兩夜，還讓你住五星級飯店。（我則會把你綁起來，當外星人一樣剖開，看你的腦袋裡還有什麼創意）。

有些品牌喜歡問：該怎麼提高粉絲數？抱持著「粉絲數跟存款一樣，越多越好」的態度在經營社群，這或許沒錯。然而，若把問題的先後順序調整一下會更好：

1. 為什麼我們想要這些粉絲？

2. 粉絲為什麼想幫我們的貼文按讚？

有些人則把社群停留時間減少或觸及率降低的主因，歸咎於 Facebook 演算法調整，加上日前爆發的個資外洩問題（2018 年，劍橋數據）導致人心惶惶，才讓消費者不再喜歡 Facebook。但對行銷人來說，這兩者應該都是偽議題。因為社群互動減少的原因十分單純：

1. 刷屏按讚已不再像以前一樣有趣。
2. 消費者們在別處找到更好玩的東西。

很多臺灣人的數位生活僅有 Line 跟 Facebook，但如果打開數位原生世代（出生時便有網路的年輕使用族群）的手機，會發現他們不只擁有一個社群。雖然還不到刪除 Facebook 的程度，但他們會同時使用不同的社交平臺，包括直播、交友、電玩實況，不僅同時玩好幾個手機遊戲，還有數十個目的不同的 Line 群組，打賞實況主或 KOL 也都是家常便飯。

多力多滋的創意競賽

大家應該對「要推出新口味了，請大家幫忙貢獻點子！」或是「幫忙投個票吧，可參加抽獎！」這種行銷活動都不陌生吧？但如果連我們自己都不覺得活動哪裡有趣，那參加者多半也是為了獎品而來

的吧。如果當獎品不夠吸引人，廣告預算下的不夠時，更可能連**增加買氣**跟**好感度**都談不上。

多力多滋（Doritos）在美國有一個著名的 Crash the Super Bowl 廣告徵選比賽[5]，並在每年的 9 月登場，因為冠軍可以獲得一百萬美金的高額獎金，廣告作品還會登上全美最熱門的運動盛事：超級杯橄欖球賽（大約有一億人收看）[6]，因此大受歡迎。這個活動從 2006 至 2016 年持續了十年，多力多滋累計收到三萬多支「網友幫品牌製作的廣告影片」。

而從 2017 年開始，多力多滋放棄了一年僅有一次的超級盃廣告競賽，而是做了一個網站：「大膽軍團」（Legion of Bold）[7]，不斷出題目給粉絲玩，如同線上遊戲一樣，參加者可解任務贏得徽章，還可以累積年度排名，每月的前三名可以拿到一千至兩千五美元的獎勵，並獲得「資深創意人員」或「創意總監」這樣的稱號。

這些競賽並沒有太多的規則，通常就是幫多力多滋做一張貼圖或短影片，粉絲可盡情發揮創意，像是：「設計一個大膽的，有多力多滋精神的 Instagram 貼文或短影片。」其中一個得獎者，是拿了一張八〇年代舊照片來影像合成：媽媽抱著她的孩子，而小孩抱著一包多力多滋。文案寫著：「照片裡的兩個人，都抱著世界上最重要的東西。」（這張圖，以我的 PS 功力，大約只需要二十分鐘，由年輕人或學過設計的人來做應該會更快。）

▲ 照片裡的兩個人，都抱著世界上最重要的東西。

Mac & Cheese 為什麼要網友幫忙說一句話就好

我們常看到許多品牌都舉辦相似的募集活動或創意競賽，一來，並非人人都是創作高手，有的網友會覺得自己的作品上不了檯面；再者，如果降低參與門檻，其條件放寬到只要是個人都能說兩句來報名，例如：「母親節到了，寫句話來感謝媽媽吧！」雖然上傳的內容變多變熱鬧了，可活動便顯得不夠精采，最後落得網友不想看，甚至也不想轉發。

究竟該如何兼顧容易又精彩這兩難，卡夫食品（Kraft）的 Mac & Cheese 通心粉是這麼做的。

卡夫食品舉辦了一個活動來邀請廣大的網友參與，只要你在 Twitter 隨便寫出一句關於 Mac & Cheese 的貼文，你的推文就有機會被拍成廣告，並且在電視上播放。

這個活動想到利用 Twitter 來讓消費者參與還不算厲害。真正厲害的是：只要網友隨便的一句話，卡夫食品就能點石成金。

卡夫食品每天從眾多寫到 Mac & Cheese 相關內容的貼文裡，從消費者最簡單的一句話，例如：「現在我就要 Mac & Cheese」、或是「無法停止想到 Mac & Cheese……」，讓該製作團隊在一天之內選出五句話，並發展成五部三十秒的廣告片，其中一部會在電視上播出，另外四部則會放到粉絲專頁上。

在被拍成廣告的推文中，都只有短短的一句話，實在佩服這些寫腳本的人，究竟是怎麼編出來的。而且場景、角色一再變換，一會兒是客廳、一會兒是會議室、一下又變成了醫院；總之，卡夫食物就是有本事把一句原本很無聊的話，變成吸引人又不像廣告的廣告。

在一天內要完成這樣的即時創作，甚至密集產出五部有劇情、有場景、品質不差、演員到位的廣告片，對任何一家廣告公司或是品牌主而言，除了是項新嘗試外，更是一大挑戰。這與過去習慣於精雕細琢的廣告製作：想 idea、過腳本、PPM、監拍、後製、a copy、b copy 等一堆流程的作法，相當不同。

這樣的創新嘗試，必須由品牌主與製作團隊密切合作，甚至品牌主也得充分授權，可能連組織、運作模式都要跟著數位世代的來臨而改變。善寫金玉良言的文案要變成編劇，負責快速產出劇情腳本；講究造景、燈光的影片製作公司，要更像全民大悶鍋（臺灣紅極一時的時事模仿節目）的創意團隊，上午發生的新聞事件，就要立刻決定「哪個新聞有梗、誰來演、怎麼演、內容是什麼……」，到了晚上就要進行 Live 直播。

後來，臺灣四十年老字號品牌：孔雀餅乾，或許

是參考了 Mac & Cheese 案例，也結合了創意口味與即時廣告這兩個點子，推出「孔雀餅乾，我的餅乾」活動[8]，跟網友募集孔雀餅乾的創意吃法，最後募集到搖碎了吃、沾牛奶吃、划拳吃、排隊吃更好吃等等，一共拍攝了二十五支影片。

在活動剛上線時，這些由藝人楊祐寧來呈現網友吃法的影片，真的很受大家的喜愛；但越後面的影片，其瀏覽次數較低，因為網友會隨著時間拖長而失去對同一件事的關注度其新鮮感降低。至於某位 YouTuber 拍攝了一篇《恐怖餅乾，我的餅乾》惡搞

影片[9]，比正牌影片瀏覽量還要高，這應該算是品牌主跟消費者得到的意外驚喜吧。

在 Mac & Cheese 推出這個活動前，他們曾推出另一個成功的前導活動 Mac & Jinx，這個活動可算是主體活動的暖場，也可說是試水溫。

玩法是，只要任何兩個人同時在推文中有寫到該品牌的內容（同時的定義是：十分鐘內），就會隨機選出兩位民眾，並同時送出一則中獎訊息給他們，只要其中一位先按下訊息中的連結並留下地址，就會收到五盒免費的產品以及一件 T-Shirt。也就是說，如果你奇妙的與世上另一個人同時推文，就有機會中獎。

◀ Mac & Jinx 活動影片。

據說這個活動創造了超過一百五十萬個推友參與推文，也帶動了網友願意幫 Mac & Cheese 寫出品牌內容。透過循序漸進的鋪陳來引導網友，養成他們與品牌互動的習慣，這樣的成果並非一蹴可及，可能多做嘗試才能抓到網友胃口；但，如果我們不開始踏出第一步，這一天永遠都不會到來。

#

如何設計出讓消費者參與且又有看頭的活動，
還得與品牌有關！？

品牌對社群的期待／消費者對社群的期待，有什麼不同？

為什麼消費者會上社群網站？這個問題不需要找行銷大師或趨勢專家來回答，更不需要花時間編出一篇文章，再把原因列成十幾項。只要看看我們自己跟身邊的人就好，並把問題改成：「為什麼你我他要上 Facebook？為什麼你他我要看朋友圈？」

大家不妨直覺式的從生活中去找答案，像是：我想看看某位朋友最近的動態，我發現有件事情很有趣想要分享，有人在分享食譜、彩妝示範，我要一些好玩有用的資訊⋯⋯這些就是我們自己的社群需求跟參與動機。但也切忌，別把自己一個人或同溫層裡的觀點，錯當成了社會全體，而是要多方觀察才行。

像 Intel 這樣冷冰冰的品牌，在 2011 年曾推出一個非常受歡迎的社群行銷活動 The Museum of Me。Intel 製作了一個應用程式，大幅簡化了網友參與的玩法：我們只需要登入 Facebook，點幾下滑鼠，就可以製作出一個非常厲害的影片，自動連結我們的大頭貼、親友照片、還有按過的讚、最常說的話，用影像合成的方式製作成「我的博物館」影片，回顧我們在 Facebook 上的歷史軌跡，加上精美的配樂，讓平時沒什麼機會當上主角的我們都樂翻天了。

幫網友創造合成影像並不是 Intel 原創的點子，大家應該都看過遊樂園或電影院門口，常有那種在板子上挖了一個洞，可以把頭放進去拍照，假扮成某某電影人物的紙板裝置，這就是最簡單的一種影像合成。而在 The Museum of Me 之前，也有網路行銷案例是拿網友上傳的照片跟報紙合成，有模有樣的假裝成頭條新聞；也有美妝品牌幫網友跟明星照片合成。

只是 Intel 把這樣的「影像合成作品」做到極致，超越以往所有的案例，而且點幾下滑鼠就能拿到一個讓人的驕傲作品，其實已顛覆了「必須先有品牌忠誠度，才能期待網友幫你創造內容」的法則。

在 Intel 案例中，是品牌幫消費創造一件很美妙又專屬於你的「禮物」來誘發參與，而且簡單到不行。一樣是送禮物給消費者，但我相信，與其把腦力跟人力投資在「企劃一個無法預估成效的創意活動」上頭，大多數的行銷單位還是會決定要辦抽獎。

原本只是隸屬於 Intel 亞洲區的品牌行銷案，但意外紅到全世界去，短期內就有一千兩百萬人次使用，大概與當時臺灣的 Facebook 總用戶數量相當。因為此案例爆紅，業界就有不少品牌開始推出功能相似的程式，但大多在動畫效果跟創意上都無法超越 The Museum of Me，紛紛在短期之內就默默下臺。

　　而現今，光是官方 Facebook 就寫了好幾套不同的程式，幫我們自動創造這類的影片。例如最近還頗流行的「好友紀念日」[13]，可以把你跟某位好友的貼文以及照片紀錄等剪接成影片，讚頌兩人的友誼。

　　這個案例的成功之處有：「很簡單就能參與，讓消費者有所獲得，參與過程中會產生很正面的情緒，也跟品牌有所連結。」我相信，這幾點幾乎可以當成一場社群行銷事件能否成功的準則，而且時過多年，至今仍是。

　　由於自己連續七年擔任廣告獎的評審，而且每次都要在幾天之內看完上百個參賽作品之故，我自己發明了一個沒跟任何人分享過的評分工具：

1. 是否可以吸引消費者的注意？
2. 消費者是否可以簡單參與這個行銷事件？
3. 參與過程中或參加後，消費者可以獲得 __(A)__ ？
4. 獲得 __(A)__ 後，消費者能夠產生 __(B)__ 正面情緒？
5. 消費者產生的 (B)，跟品牌的連結是 __(C)__ ？
6. 或 (B) 或 (C)，會不會有機會被討論？

　　依照順序，如果拿到 YES 就進入下一題的審核，若拿到 NO 就淘汰。

　　我喜歡擔任初審的評審，而不是決選的評審，是因為初審才有機會看到當年全部的案子，你可以藉此得知行銷圈的整體趨勢是什麼，跟去年相比有哪些異同點，有沒有進步……等等。

　　參賽作品通常會是個幾分鐘的介紹影片，如果看完後，我覺得前兩題的答案是 YES，而且可以輕鬆地寫下 (A)(B)(C)，我就會讓他入圍，然後進入決選。但，這種達到「完整溝通循環」的案例每一年都不多，因此，我時常都必須放寬評分條件，能過到第四關，或是 (A)(B)(C) 有拿到其中兩項就讓他入圍，以免太多獎項在我手上從缺。

樂高積木從數位 1.0 時代就開始做的群眾外包

　　樂高是個極富創意的公司，這點大家應該都不會否認。但讓人驚訝的是，樂高早在 2000 年左右，便推出自家的 3D 創作軟體：LEGO Digital Designer。請注意，它是在 Windows95、98 電腦的年代，就推出一套很容易上

手的軟體,可以讓根本不懂產品設計跟 3D 建模的粉絲們,透過軟體自行拼湊積木,還可以上傳到網站跟其他人分享。

樂高的想法還不僅如此。網友們還可以下載這些網友共創的 3D 模型,自行編修改造;如果喜歡的話,還可以訂購一組回來玩。

實在令人難以想像,這些是將近二十年前的點子。雖然樂高已關閉成套購買功能,但玩家仍然可用軟體計算所需的積木數量,然後在樂高線上商店裡一一購買。我們推測,由這套軟體延伸出來的訂購服務,很可能是因為商業考量,例如客製化的零件不一定都有存貨,或是客製化訂單跟套裝玩具相比之下利潤較低等原因,才會停止接單。

不過,也不用感到太婉惜,現在的樂高官網做了一點改變,仍有兩個很受網友歡迎的創作單元在營運中:「創造與分享」(Create and Share)是讓一般玩家跟小朋友可以上傳作品的地方;另外還針對高手設計的「樂高創意集」(LEGO Ideas)[10],裡頭則有數千個被稱為專案(Projects)的作品,而且還在不斷增加中。

跟原本不同的是,如果某專案可以獲得一萬個支持者,就會進入評選(Reviews)階段,樂高公司將考慮它的題材、研發難易度等商業問題,審核過關

之後就會正式生產,讓創作者獲得 1% 的銷售利潤。

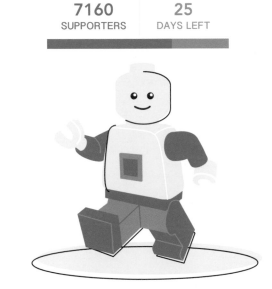

7160
SUPPORTERS

25
DAYS LEFT

▲ 當一個創作被一萬人支持,樂高就會幫你商品化。

而所謂的商業考量有哪些呢?例如一個總經理辦公桌同樣尺寸的超大型霍格華茲城堡真的非常酷,但如果需要五十萬片的樂高積木,就有拼裝上的難度,也非一般人可以買得起,而且在生產包裝運送方面也會受阻。當然,也包括授權金支出跟銷售量預估等較現實的層面。

想在「樂高創意集」獲得一萬個支持者是個超高的門檻,因此自 2011 年至今,只有九十多件作品過

關，其中也僅有十六個專案成功變成商品，換算下來每年平均只有二至四件作品；但為了讓自己的創意付諸實現，可以跟全世界的玩家比拚，許多人都樂此不疲。[11]

這個透過網友來創造商品的平臺，是源自與日本網站：Cuusoo（音同 Kuso）的合作。在 Cuusoo 網站上，每個人都稱為創作者，可以上傳任何種類的商品點子，儘管是各種誇張、不實用、搞笑、或是異想天開的想法，只要準備好完整的作品介紹，招攬一百個會員（準購買者）投票給你，就可以開始準備販售了。從現今的角度來看，Cuusoo 有點像你我熟知的募資網站形式。

Cuusoo 網站用「創意測試平臺」來宣傳自己，除了招募發明家跟創作者之外，也募集全球各地可以配合小量生產的接單工廠。他們自 2008 年開始跟樂高公司聯名經營 LEGO® CUUSOO 網站，推出後大受歡迎，也同時打響了「創作者平臺」的名聲，但不知道中間有經過什麼風風雨雨或商業考量，在 2014 年的時候，LEGO® CUUSOO 網站已經被移除，並將整個服務轉移到樂高官網的「樂高創意集」去了。而 Cuusoo 則宣稱，自己改跟 BrickLink.com 這家在線上販售積木塊跟小人偶的網站合作。

由於只需要一百票就過關，比樂高官方的一萬門檻真的親民許多，Cuusoo 網也被許多創作者當成初試啼聲的舞臺。但，失去樂高官方的支持之後，Cuusoo 瞬間減少了許多光環，也回歸多面向的跨產業商品創作，不再獨捧樂高。

現在的樂高，有 3D 創作軟體、新手分享區、高手分享區，這三種共創平臺再加上可以線上購買各種積木塊的線上商店，也能夠滿足各種類型玩家的需求了。

談到品牌設立的「共創平台」，在 The Museum of Me 同一年，也是由日本創意團隊操刀的 UNIQLO，創建了 UNIQLOOKS[14]，並信誓旦旦要成為時尚穿搭分享界的一方霸主。UNIQLO 同時創建了粉絲專頁、Instagram、App、官方網站，更砸下大筆預算推廣。在這個平臺裡頭，申請加入會員就可變身模特兒，每個網友都可以上傳照片，示範自己的穿搭，將穿著 UNIQLO 服飾的照片跟大家分享。

UNIQLOOKS 也舉辦投票活動，邀請時尚專家與服裝設計師對網友的穿搭作品進行評選，網友也可以一起評分按讚，試圖打造一個專屬於品牌而且功能完整的穿搭網站。

品牌要自己經營一個行銷導向的社群，肯定比單一波段的行銷事件還難，UNIQLOOKS 的龐大企圖心也在不久後就無疾而終。我們發現，後來網友上

傳的穿搭作品越來越乏善可陳，更新頻率也越來越遲緩，許多業界朋友推測，是因為穿搭內容一定要有該品牌的服飾，也可能是少了行銷預算的加持，整體成效不如預期，整個 UNIQLOOKS 的偉大藍圖，在上線半年後就默默終止了。

為什麼 UNIQLO 的穿搭平臺會告終，但樂高的創造社群，還有稍後段落提到的 IKEA 傢俱駭客，卻可以成功持續至今？

先看樂高，他們把超專業的玩家引導到「樂高創意集」網站裡，這些人創作的目標是為了量產，期待自己成為被全世界注目的樂高設計師，這裡的作品被高調地稱之「專案」，煞有其事的意旨出：我們不是隨便玩玩。

而小朋友跟業餘者，則被樂高放到「創造與分享」區，除了避免色情作品或是侵害其他著作權之外，這裡幾乎沒有什麼規則，大家可以開心又自由的展示作品，也沒有不夠專業、害怕丟臉等問題。

反觀 UNIQLOOKS 的分享規則，雖然標榜著讓大家自由開心分享，卻又違反了一般人的穿衣原則，例如某人分享一條 GAP 牛仔褲配上 UNIQLO 的外套，穿塔的樣式看起來很美，一般人會覺得沒什麼問題，但這種事情卻會讓品牌不知所措，到底該拿這位網友跟這張照片怎麼辦？因為 UNIQLO 自己也有販賣牛仔褲。

網友的參與度，是行銷活動企劃時的首要問題，因為，參與度跟品牌知名度的高低並不會一定是正向關係，

就算是大品牌的活動也不一定保證會紅。重點是網友在參與的過程中，有特定的情緒可以被滿足，所以當我們有了創意跟話題性之後絕對不夠，更要專注在提昇網友跟品牌之間的共感連結。（可翻閱前幾頁的廣告獎入圍篩選條件）。

消費者渴望參與品牌的行銷活動嗎？答案肯定是No！因此我們一定要記住，辦一個成功的線上活動，得先找出讓網友渴望參與或逃離的原因是什麼。

UNIQLOOKS 一開始當然很熱絡，但他們限制了參與，也存在著迫使消費者逃離的因素，因為現實情況是，很少人的整個衣櫃會塞滿單一品牌的服飾；而且在現實世界中，也只有少數人會渾身充滿表現欲，每天對自己的衣物搭配深具自信。

對了，倘若你對時尚穿搭 App 有興趣，可以研究一下後來的 WEAR、itSnap、Chicisimo、Polyvore，下載量都高達數百萬，直至目前為止都還是人氣很高的穿搭分享社群。

「品牌駭客」是你在數位世代最該擁有的一種粉絲

某一年，為了裝潢我們的新辦公室，在網路上找靈感的時候，我發現來自瑞典的 IKEA，有一個由粉絲組成的非官方網站：IKEA 駭客（IKEA Hackers）[12]。

這網站的雛形，原本是由幾個喜歡 DIY 的鄉民，在自家車庫裡頭改裝家具，並把成品 PO 上討論區。沒想到，這種另類的改裝行為不斷引起其他人的仿效，並慢慢擴大影響力。或許是團隊獲得了資金，就開始了商業化經營，也從討論區搖身一變，成為一個內容極為豐富的 IKEA 傢俱改造網站。這就是消費者對品牌忠誠度的一種極致表現。

什麼是數位世代的品牌忠誠度？這裡有個很好的比喻。想像一下看漫畫這件事，有很多人喜歡《海賊王》的故事劇情跟裡頭的角色，但粉絲卻也分成

好幾個等級，很可能是像這樣的：

- 普通粉絲：看完漫畫，開心，偶爾會討論劇情跟喜歡的角色。
- 忠誠粉絲：收集全套漫畫，重複看好幾次，也非常熟悉劇情。
- 超級粉絲：收集自己喜歡的角色公仔，參加每一個活動展覽等等。
- 極致粉絲，根據漫畫裡頭的造型，去製作衣服、訂製假髮，加上化妝、道具搭配，把自己裝扮成漫畫人物。

喜歡改造 IKEA 傢俱的粉絲讓我聯想到上面這件事。角色扮演者（Costume Player 或簡稱 Cosplayer、Coser）很可能都是最極致的粉絲，光是看漫畫、收集公仔、評論劇情已經不夠滿足他們了，還希望自己可以「超越所有粉絲」以表忠誠，非但不求報酬，更樂在其中。

由網友主動幫品牌創作的內容，被行銷人稱為「使用者原創內容」（User Generated Content；簡稱 UGC）。這是消費者對品牌產生極高的忠誠度之後，才會主動提供的一種回饋，粉絲們期待透過「創作」這種方式來達到一些自我滿足，其中多半是心理層面，例如：

- 期待被品牌或偶像看見；
- 彰顯自己比其他粉絲更熱情；
- 強調自己是此領域的專家；
- 獲得更多同好的關注與認同；
- 換得曝光機會。

如果你不是個有影響力的品牌，網友一定不願意幫你創作，更何況是把作品 PO 上網，告訴大家「我愛這個牌子」。因此行銷人想到，一開始可以由品牌來號召一場 UGC 活動，透過一些誘因，多半是獎品，或是跟代言人見面這類的方式，讓網友更有意願分享與品牌活動相關的事。可能是一句話，一張照片，或是較高難度的互動，幫品牌設計 Logo、T-Shirt 圖案這類競圖比賽。

在實際操作的時候，為求快速精準，我們都會舉辦一個短期的行銷活動，順序大概是：砸一點廣告費來宣傳，

出個題目，找幾個領頭羊，例如部落客，或是某某知名人士，請他們做出幾個範本，藉此引誘網友參與。

只是像 IKEA Hackers 這樣自主性的群眾外包，或是海賊王登高一呼就有數百位 Coser 幫你露臉，並沒有幾個品牌能夠做到。至少，你必須先是地區性或世界知名的領先地位，產品種類夠多，有特色到極致，消費者還要超級愛你才行。

所以請試想一下：花整個週末改造了一個櫃子；或是整個暑假哪裡都不去，努力拼完一架星際大戰的戰機，樂高跟 IKEA 可是都不會付你半毛錢的。做到這樣的程度，你會願意嗎？為什麼你會願意？

已經被行銷人濫用多年的 UGC 活動呢？其實都是靠獎金或贈品來吸引人，追根究柢多半是我們害怕品牌力不足，卻同時又貪求 UGC 可能帶來的熱絡。然而，失敗的原因卻不是品牌力不足，而是我們無法創造出「可以激發網友熱情，讓他們想要不斷參與」的心理因素。

多年前我們幫某飲料品牌做了一個「匿名分享心事」的 App，過了好幾年都仍有網友拿它來寫日記。很難想像一個行銷活動可以持續這麼久吧！？

我們在第一章曾提到：2014 年星巴克舉辦了一個為期二十一天的網友競賽，但結束近一年之後，這些網友在紙杯上塗鴉的 UGC 作品仍被不斷被網友分享；除此之外，更慢慢地變成了一種「紙杯塗鴉文化」，吸引更多人偶爾就會來畫一張，並分享自己的作品。在此之前，當然也有人喜歡在任何一個咖啡外帶品牌的紙杯上塗鴉，但就此之後，我們一看到紙杯塗鴉，就會想到星巴克。這在消費者心中的烙印，可真的超強！

星巴克的外帶杯塗鴉，是因為最初的幾位創作者（領頭羊）引發了更多人產生「我應該也可以」的創作慾望，而 IKEA 駭客們則是對現有的傢俱感到不滿足，便善用創意巧思改造成他們「更」想要的樣子，因為上傳之後受歡迎，所以更誘使他們去做。這也是在第三章提到的一種「親和需求」。而品牌巧妙地連結了這種需求。

如果你是一般網友，而不是身為某個品牌的行銷人，當看見「為了行銷而舉辦的 UGC 活動」，與網友「自然產生的 UGC」，你會想要看哪一種？如果對品牌的忠誠度不夠，獎品不優，或是創作的水準參差不齊，比賽結果又無法彰顯自我價值，那麼網友到底為了什麼目的來參加活動？

最後，為了確保活動有人參與，品牌主先花一筆廣告預算去推廣活動，又因為已經花了廣告費，而淪落到計算「獲得一個參加者，需要花多少錢」這

樣的 KPI，更可能安排椿腳去參賽，動員親朋好友去按讚投票。我們根本可以確信，用廣告預算跟成效來估計的活動，打從核心就失去了網友共創的精神，也註定會失敗告終。

談到失敗的 UGC 活動，真的多如蜂蜜旁邊的螞蟻。想想看，如果網友圖的是獎品，他就只會玩個一次，獲得抽獎門檻之後就拍拍屁股走了。然而多半的網友都是帶著盼望，等著失望落空，畢竟 99% 的消費者都不會得獎，我們如何期待這種抽獎活動對品牌有多少好感度的加分？但，如果你可以滿足他們的親和需求，在創作或欣賞創作的過程中，讓他們情緒高漲，產生讚嘆或啟發，那效果可就不只是這樣了。

在逛過 IKEA 駭客網站之前，我根本想不到可以用極簡的單格櫃改裝成貓窩，用四格櫃改裝成迷你餐車，或運用第三方工具配件，例如輪子、紡織品、木件、鐵件等等，就可以讓平凡的家具搖身一變，變得更有功能性或是更時尚；更重要的是，這些傢俱大家還真的都買過，但都只是平凡無奇地擺在那兒。網友對這些改造家具「按讚連連」，當然會更激升那些駭客們的創作欲望。

我們在 Pinterest 可以找到數百個以 IKEA Hacks 為主題的圖片收藏板（Boards），樂高積木的粉絲，也會做一樣的事，很多人曾把樂高積木改變成其他用途，例如最簡單的相框跟文具盒，當然也有更複雜的變化。如今，擁有三十五萬粉絲的 IKEA Hackers，可以依照浴室、廚房、書房、客廳等空間進行查詢各式各樣的改造實例，幾乎每天都有網友上傳作品，讓平凡的生活空間更加多彩多姿。

◀ 在 Pinterest 上的 IKEA Hacks

◀ 在 Pinterest 上的 LEGO Hacks

- 貼上木皮、飾品，質感瞬間提昇。
- 把櫃子加上 1:1 的長座墊，變身多用途家具。
- 不照說明書的組裝方式，把 A 變成 B 用途。
- 把兩種不相干的商品，組合在一起。

第一次看到駭客版的 IKEA 家具時，許多人都會驚呼：「哇！原來還可以這樣！」好感度立馬直線上昇，我相信當初連 IKEA 瑞典總公司都沒想到，自家品牌會被一群素人網友發展成一個無心插柳的都市傳奇。如果你對駭客跟改裝有興趣，也喜歡樂高，不妨搜尋另一個關鍵字：#legohack。你會找到牙刷架、手機座、置物盒、時鐘……許多巧妙又實用的東西。

究竟，什麼是社群行銷？

曾有位剛從行銷科系畢業的面試者問：「經營社群，有哪些工作要做？」負責面試的主管說：「把貼文寫好，拍出美美照片，下點廣告，幫品牌創造一點人氣，回覆網友的私訊。」嗯，應該是這樣的吧？還是，你也不太確定？

若從內而外去探討社群行銷的本質，我們會說寫貼文、做圖、下廣告、回留言、辦活動這些只是**最後呈現**出來的事情，雖然它們會花掉且佔去行銷人

大把的工作時間，可卻只是社群經營的冰山一角。

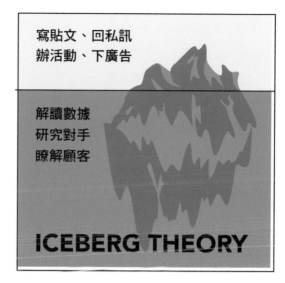

寫貼文、回私訊
辦活動、下廣告

解讀數據
研究對手
瞭解顧客

ICEBERG THEORY

▲ 讓消費者認識、喜歡你的品牌，如同冰山理論般，不單只是做好水面上的事就好。

福特汽車的百位特派員，兼顧理性與感性

美國福特汽車曾舉辦了一個尋找一百位特派員（Agents）的活動，送出一百輛新車，免費讓你試開半年。試車期間所有油錢、保險全包，代價是每個月必須完成一項任務，並將任務的執行過程，用文字／圖片／影片發表在社群平臺。這個活動每個月都有特定主題，在每個主題之下又有數十個任務，由特派員（Agents）自行挑選；每個任務都經過設計，

符合社群媒體容易被閱讀、被傳播的特性。該怎麼說呢？

在旅遊主題的任務也十分有趣，像是「到速食店照著 Menu 各點一樣，並分送給路人吃」、「感受開到沒油的經驗」、「帶一位沒見過海的朋友去海邊」，類似這樣好玩的事情；而不是讓你去試「直線加速有多快」、「方向盤握感有多舒適」、「過彎有多穩定」，等等這種汽車性能上的無趣任務。

你可能會想「『在路上送東西給路人吃』這種任務關福特什麼事？我又不是慈濟？！」但福特可沒你想得那麼笨呢！

美國福特汽車要的就是「話題性」與「真實自然的內容」，唯有集合這兩個條件，才能快速在網路上累積大量的品牌聲量，而且一輛你未見過的汽車行駛在路上，突然靠到馬路邊送東西給你，任誰總會問個兩句吧？特派員也會告訴你「我是 Ford Fiesta 的特派員」，你若有意願也還能順便試坐一下。如此目的不就達到了！

另外，在某些主題下，也會設計一些可以表達這部汽車特性的任務，但表現手法會以有趣的方式呈現，這或許已經是創造社群影片分享率的基本門檻了。例如「參觀福特實驗室有關汽車防撞測試的演進」誰要看？但到了特派員手中，就會被調整成「白

痴撞擊測試」，因為這樣才符合社群媒體的精神，也不致讓網友覺得太吹捧品牌主。

這一百位特派員，其實都是網路上活跳跳，能寫能說能演的「網紅」，個個皆是散布在全美主要城市的狠角色，經過這半年一百個任務在社群上傳播之後，官方稱達到這些成果：

- 超過一萬部影片被上傳到 YouTube，有超過四百三十萬人次觀看。
- 活動照片 Flickr 有超過五十四萬人次點閱。
- 特派員透過 Twitter 接觸超過三百萬位推友。
- 超過五萬人表達，願意進一步收到新車資訊。
- 這五萬人之中，有 97% 開的不是福特汽車。
- 這輛未上市汽車的知名度達 38%，相當於福特其他汽車品牌的知名度，而且是在有傳統廣告支援的情況下，才能達到的水準。[15]

回想樂高、IKEA、HACKER、孔雀餅乾、星巴克塗鴉杯……這些驚人的產出成果，就算委託一家廣告公司來做，也會執行到吐血身亡，最後一項「知名度」的提昇率，更是總結了福特夢寐以求的成果。

倘若我們以傳統行銷的眼光來看以上這些動作，根本就是一種實體公關活動；但卻是數位媒體跟社群，才能讓一百輛未上市的新車，讓一百名網紅代

言人到處開著趴趴走，完成六百次輕鬆有趣的任務。這不僅分享了體驗心得，也在社群上展示進度成果，達成感性溝通的目的。

另一方面，福特也沒忘了理性溝通這件事，他規畫了一個 Twitter 帳號，請這一百位特派員專門來回答消費者提問。讓你來猜猜消費者都問了些什麼？沒錯，就是產品性能、規格、配備這些跟理性有關的事了，諸如：我六呎三吋（約一百九十公分）、兩百磅（約一百零八公斤），這輛車會不會太小？車門有沒有中控？等等。

這些答案都會由特派員們，也就是實際試開了半年的「消費者」來回答，而不是銷售員或福特汽車的官方說法，再搭配上前半年的活動，這樣的組合真是極品，完全發揮了傳統行銷活動達不到的效果。對消費者來說，我不感興趣的資訊，是干擾，**對的資訊在錯誤的時間出現，也是一種干擾**。但如果你的內容成功引起消費者的注意、是他們想需要的，他們不但會點擊，而且還會自動自發地想瞭解更多，甚至幫你免費宣傳。

後來，在澳洲的維多利亞州旅遊局，也曾推出一個執行時間較短，但跟福特汽車有異曲同工之妙的社群活動：「墨爾本遙控旅遊」（Melbourne Remote Control Tourist），號稱可以解決所有的旅遊煩惱，並幫你完成各種想在旅遊中嘗試的情境。

他們結合了 Facebook、Twitter、Google map、Foursquare、YouTube 這些平臺，安排了幾位直播客，戴著攝影機，穿上直排輪或運用各種交通工具，隨時直播他們的所到之處，創造出一個感覺身臨其境的導覽。

網友可以透過這個活動網站，隨時掌握這些直播客的位置，還可以用 Facebook 或 Twitter 要求他們做事，比如你想知道某間咖啡廳的餐點好不好吃，就可以要求他們進去；也可以請他們跟路人跳舞握手；買一堆杯子蛋糕分享給路人；或是去摸某人的頭髮。如果錯過當天的旅遊也沒關係，他們會把這些內容上傳到 Instagram 和 YouTube，讓消費者更加了解墨爾本這個城市。

活動期間，一共完成了來自一百五十八個國家、三千名網友的要求，有數百個全球新聞媒體跟網路報導，其中最珍貴的是收集到八十個小時，完全由群眾外包所創造出來的影片內容，一共累積了十．五億次的瀏覽量。

星巴克的社群：拿網友的意見來幫自己賺錢

「星巴克推出的櫻花口味拿鐵，是我朋友給他們的靈感！」想想看這句話或這件事發生在你身上，是不是有點酷！或者「我上次寫信給麥當勞，建議他們可以來賣 XXX，結果真的上市了，還收到一封感謝信」你覺得這個消費者，會不會把這件「豐功偉業」跟親友宣傳個一百次？

當粉絲對品牌的忠誠度越高，就會有一些人主動幫品牌說好話、給予建議，甚至當品牌有困難時，還會伸出援手幫助這家企業。當然那些討厭的 Hater，酸民，對企業的抱怨等等，就像電影裡頭的反派角色一樣，也是必然會存在的。不過換個角度想，有句俗語叫做：嫌貨者才是買貨人。面對負評的時候，先別生氣，用真心跟智慧去面對就是了。

幾年前我曾經擔任臺灣手機品牌的數位行銷顧問，其中一個任務，需要在網路上觀察品牌的正反兩方意見。這個品牌的擁護者跟酸民都不少，但該品牌面對負面言論的政策始終是：「如果有人開罵給負評，官方永遠不回應，等擁護者自動幫忙護航。」可見品牌忠誠度對品牌來說，是多麼有用的一件事。

那時我們將正反兩面的網友意見都收集起來，分門別類的整理與建檔，並交給各部門在例會當中討論。因為這項任務是每天二十四小時監控，如果發現一些需要即時處理的問題，也立刻發出會議通知，往上呈報。我們做輿情收集的前提是：**就算是很細微的聲音，都可能是影響企業的好意見。**認真的品牌經營者會想要獲得真實消費者的意見，而不是好感度上升幾個百分點，按讚數多了幾百個，這種很虛幻的結案數據。

但，不關注這些還好，一旦開始關心起網友，問題卻來了。因為輿情並沒有一個集中處，而是非常分散在討論區、BBS、部落格，或是每個人的個人 Facebook 裡。

試想一下，連自家員工都不見得願意對公司發表意見了，網友更沒有義務跟責任。因此，不管網友對品牌是給予好評或負評，都只會發表在自己的社群；不論是買到爛東西，遇到爛服務，或情況反過來，當品牌給予他們正面情緒時候，都不見得會去公開的地方留言，甚至不會想去品牌的官方網站或粉專留言。因為我們發文的目的只是跟親友們抒發感想，並試圖創造感染力而已（詳見第三章提到的親和需求）。

而且網友們也會認為，這些品牌社群都是小編或工讀生在管理，這些公司員工對我們的意見並沒有直接決定權。不然就是留了言也只會得到官方說法，

難以解決問題，反而讓粉絲覺得自己沒有被關心。

在幾年前，我們還必須仰賴大量程式與人力到各大論壇社群爬文，才能得到這些被「藏起來」的聲音，其實這麼操作的成本頗高。但近幾年，我們是透過社群偵聽工具，去自動監聽網友經常發言的平臺，挖掘內容，自動爬文，並分析網友提到的品牌關鍵字。

我們在第一章提到，荷蘭航空在阿姆斯特丹機場設了一個戰情中心，集合兩百五十位專員，以二十四小時監聽社群的方式，即時地幫旅客解決各種疑難雜症。我們公司內部的社群監聽小組，也時常會幫政治人物或品牌監聽各方輿論，瞭解自家產品的口碑，掌握競爭對手的動態跟風向，幫助擬訂策略。

除了成立專屬的社群監聽團隊，我們也可以參考星巴克的做法。我稱為：拿網友意見來幫自己賺錢。

星巴克自 2008 年開始，便成立了可以讓粉絲暢所欲言的官方討論區：「星巴克點子」（My Starbucks Idea）。該討論區沒有特別嚴謹的規則，而且允許網友們各式各樣的意見跟抱怨，包括：另個品牌的咖啡豆比星巴克好喝又更便宜；或是：能不能讓某款假期限定的星冰樂重新上架等等意見。

星巴克點子這個網站，是透過：Share（分享想法）、Vote（投票）、Discuss（討論）、See（瞭解星巴克對 idea 的執行狀況）四個步驟。你有沒有想到之前提到的樂高創意集網站，以募集樂高的創作，再從創意的分享到投票，進入量產評估階段。二者的運作方式其實非常類似，但我覺得星巴克更勝一籌；因為他們主動讓消費者參與這家企業的現在跟未來，例如口味餐點的建議、申訴抱怨、各種項目改善等等。這個討論區除了具備客訴功能之外，更創造出一個能夠針對消費者想法進行改變的企業，對品牌絕對有更大的價值。

▲ 開放式的討論區，集合群眾的點子。

像「可重複利用的紙杯」、「塗鴉活動」、「免下車」、「可用手機付費」、「忠誠會員的生日優惠」、「數位集點」，等等都是消費者提出來的點子，消費者也因此更加喜愛這個品牌，認同星巴克是個願意傾聽大眾心聲，會為了消費者而進步的企業。

然而，將網友意見聚集起來並加以實現，在執行上並非易事，這需要非常龐大的管理流程以及額外的成本。因此星巴克採用了客戶意見平臺，讓網友可以在十三個類別（從飲料、服務到裝潢）中提出想法；同時，也成立了一個由四十位創意夥伴組成的管理小組，主動加入社群，負責指導並推動這些點子。

建立一個跟消費者溝通的管道，對品牌來說並不是難事；但組織要有魄力去調整內部流程，而非只是決定採用哪個工具，社群經營更不能只是由某幾個比較懂網路的員工來執行，或簡簡單單丟給客服部門去處裡。

如果這種以彙集民意為導向的網站，只由一個部門的人力來管理，其實是會出問題的。因為他們不可能熟悉公司各個部門的業務範圍跟方針，所以很難判斷這些點子跟意見是否要繼續下去，或是否容易推行。因此星巴克的四十人小組分別來自公司內的各個部門，個個各有專長又可以互相支援，並擔任不同項目的版主。

我們曾訪問許多企業，在傳統思維的企業裡頭，通常只會指派一位員工，或讓外包廠商來負責社群溝通。例如我們曾嘗試性的在 ASUS、HTC、味全等臺灣品牌的官網或粉專留言，他們多半只會說「謝謝指教，感謝您的留言」，然後你的聲音就消失在茫茫「網」海裡了。

你有沒有遇過一些消費者，會私下提供你一些意見，主動跟你討論品牌的事情？其實我問過幾個品牌主，他們通常只會記得那些客訴抱怨或比較負面的事。

很多企業在社群只懂得積極處理客訴，因為客訴會導致負面情緒，倘若處理不好便相當容易蔓延開來變成媒體負面議題。但如果是「對品牌的建議」，負責處理留言的公關部門或是照著指導手冊行事的客服人員，並不容易把網友的意見上呈，更不可能進入討論程序；又或者，我們聘請了一位很熱情的員工來管理社群，但主管卻認為把貼文跟廣告弄好就夠了。這些都大大限制了社群的可能性。

星巴克為了讓企業成長，轉型，提昇業績，提高競爭力，或大幅甩開對手、炒新聞、提高消費者好感度……不管真實目的為何，或許以上皆是。從星巴克自內部各部門徵召了四十位夥伴轉任星巴克點

子網站的負責人，他們的共通特色，是對自家企業充滿熱情。在社群平臺上頭，以各自擅長的領域跟身分，努力讓網友的好點子被實現，設法讓消費者看見星巴克的改變。

還以為社群經營只是「貼文＋廣告＋客服」嗎？星巴克點子網站持續經營了十年，每年都會收到上萬個網友的意見，當中若有 1% 略具參考價值，就有上百個創意。這對企業來說，根本就是個無限智囊團！投資了十年的時間跟四十人的團隊營運成本，對絕大多數的品牌來說，的確不可思議。直至 2018 年關閉，結束長達十年的超級任務。現在雖然還是可以提供建議，不過是單向的，也不開放討論。

想要網友主動貢獻點子，你必須先帶著一股真心誠意並且渴望提昇自己，面對批評時先別生氣，也別只是安撫或解釋，而是傾聽與設身處地，佐以 120% 的服務熱誠，以及一些讓網友喜歡你的條件。雖然有點難，但我相信絕對可行。

容我再舉個真實案例，網友 Sandy 說：「我上次在星巴克的官網留言，要他們復刻一款已經停產的星冰樂口味，結果一個月後他們回我這個點子很棒。在一個月後，我也真的在門市裡重新買到了！」

消費者被喜歡的品牌如此重視，你覺得他們會不會開心到爆？

所以，經營社群的意義是？

回顧一下這幾個案例：

- 星巴克社群平臺，每年都會收到上萬個網友的意見。
- 漢堡王請粉絲每個人刪掉十位好友，造成了前所未見的擴散熱潮。
- Gmail 運用限量邀請制與超級產品力，變成市場上最炙手可熱的電子郵件服務。

走在時代尖端的人，總是喜歡這種「創新」跟「冒險」，但有好多好多被我們奉為經典的成功案例，其實我們始終都不曉得究竟是一場意外，還是萬無一失的精心布局，更不曉得背後有哪些辛苦不為人知的努力。

我相信，光靠行銷預算跟一家廣告代理商，都不足以保證計畫一定能夠成功。至少，要先準備好十分強大的產品，可發揮創意的空間，還要有放手一試的膽量。

在傳統行銷觀念底下，我們早就被「投資報酬率」（Return On Investment；簡稱 ROI）這件事給綁架了。就算得到的「效果」可能會是傳統做法的 N 倍，但我們難以面對無法預期的成效，更討厭無法被精確計算的投資報酬率。

簡單來說，品牌內容本身至少是「有趣」而且「難得一見」的，這才可能創造出分享的條件。但這二者還只是吸引網友眼球停留一下的基本門檻而已。

叫粉絲刪掉好友的舉動，在行銷圈真的前所未見，甚至還有點嚇人，對行銷部門來說根本無法預期到底有多少數量的華堡兌換券會被送出（行銷預算無法估計）。Gmail 將會送出無數個免費帳號，在硬體跟研發上面投以鉅資之後，仍不知可以換到多少企業付費用戶。（雖然我相信 Google 一定早就計算出投資報酬率啦）。以及福特一百位特派員的案例，還會產出一大堆「不保證能被行銷部門掌控」的貼文跟影音內容。

我覺得這些案子的共同點，是**願意**把投資報酬率的計算放到第二順位，先建立起市場上最強的品牌印象跟好感度再說。如果你曾掌管過行銷預算，也背負過成效，或者曾經想要說服老闆投資一個新東西，一定多少會認同，這種心態思維轉換真的比較困難。

這也是為什麼，當我們在看到這些風險時，反而會千方百計阻止這種提案在自己手上誕生，這沒什麼錯，只是本能地避免失誤而已。因此，當在看到那些「我曾經想過，卻被別人做走」的案例時，行銷人也別太苛責自己；創新當然是各行各業都要鼓勵的事，但有時候如果太過突破跟創新，也可能是自尋死路的。端看你的抉擇。

該保守一點，還是冒險一點呢？瞭解我們究竟在市場上處於什麼地位，可能有助於思考此問題。但我覺得，因時，因地，因人，還是會有不同的看法吧。至少不要像我們正打算解約的一個品牌客戶那樣，要求每一則 Facebook 貼文都要寫上品牌名稱跟商品功效，也完全不能用商品以外的內容來接觸消費者，卻又期許觸及率可以被有效提昇。不守舊到這種程度，就應該還有救吧？

# #

品牌本身的內容至少必須是有趣而難得一見，
才可能創造出被分享的條件。
但這也只是吸引網友眼球的基本門檻而已。

數位行銷圈的造神運動

回想一下自己關注的領域，有沒有一位 XX 之神或 XX 趨勢大師這樣的公眾人物，共通點都是出了本書，裡頭闡述他的成功之道，並把他的經驗案例透過一些專有名詞、方法論、小故事等等，包裝成一種屬於這位專家的系統派別，讓人覺得他很強，彷彿只要依照他書中的方法，就會換來成功。

但事實上呢？此舉多半只是想透過知名度與專業度的建立，來成就自己的一點私心，像政治人物在選舉前出版傳記，多半也是選戰的一環。

想一下，在行銷圈最紅的行銷大神有哪幾位？

我想提的，其實並不是你現在聯想到的「某個誰」，而是「某件事」。在 Facebook 竄紅的頭幾年，有一句「B.O.E.」可是被所有行銷人都吹捧上天，而在此前後還有病毒行銷、故事行銷、內容行銷、原生廣告……等等，地位略低一些的。

B.O.E. 其實是指三種媒體類型：Bought Media（購買媒體）、Owned Media（企業自有的溝通管道）與 Earned Media（網友口碑，賺來的媒體）。這三者都是可以提昇消費者對品牌認知的管道。

> 在規劃行銷活動時，我們會投放一些廣告預算，購買廣告時段、跟電視節目或網站合作，這屬於 Bought Media（購買媒體）；另一方面，也要思考企業官網、產品外包裝、DM 這些企業可掌握的 Owned Media（企業自有的溝通管道）；以及從社群中，消費者主動對品牌的討論、推薦、創作、開箱文等所「賺來的」品牌宣傳機會 Earned Media。三者合用稱為「B.O.E.」。

若把 BOE 拆開來說，其實沒什麼了不起的。E 所代表的網友口碑老早就已經存在了，二十年前就有 BBS 跟論壇，如今只是因為社群網站的分享功能而被再度突顯出來。說穿了只是因為 Facebook 太紅了，才導致品牌企

業跟廣告公司都往這裡飛奔。

前幾年，行銷人都還在吹捧「社群行銷可以做到 BOE 最重要的那個 E」，據說只要把行銷活動交給社群，就一定可以獲得解藥。但，我們卻看到大多數品牌的那個 E，都是靠心理測驗、小遊戲、揪團、投票、抽獎、標註好友，這類不算新穎的活動方式來招攬參加者。

有些時候，我們要把自己從「行銷人」變成「消費者」，才能夠躲開這種顯而易見的盲區。

當我們願意跟朋友介紹某家餐廳，幫他們做免費宣傳時，是因為他們建立了漂亮的粉絲專頁？還是因為舉辦了抽獎活動？做了一個好玩的心理測驗？我相信都不是。一定是我們真心喜歡這家餐廳，覺得燈光美、氣氛佳、音樂好聽、餐點美味可口、物超所值、充滿驚喜、服務熱誠……等等理由才會做出真心的推薦。當然也有可能是：你覺得不錯但還不到頂級的程度，結果餐廳送你一張「買一送一」券，下次你就自己帶朋友來了。

既然如此，為什麼許多社群行銷活動，仍以「增加粉絲數」或「按讚數」為每一次專案的最終 KPI 計算，而不是用跟網友建立多少「品牌共感」計算？主因是舉辦這些小活動，花錢請部落客、寫開箱文、衝粉絲數，都會有立竿見影的數字可供老闆參考；

但「品牌溝通」卻需要較長的時間，又除非我們公司的股票上市上櫃可以用市值來定價，否則也無法計算什麼叫「品牌價值」。

然而十分現實的是，廣告公司或我們行銷人要的多半只是：老闆喜歡，過程順利，漂亮結案。在行銷期內的銷售量或部分 KPI 數字上有提升，就算是「薪水與任務的等價交換」了；要一家行銷公司或行銷總監跟品牌創辦人一起背負企業的成長責任，或許，得要他們有另一層不尋常的關係（例如兄弟姊妹，交叉持股）才有可能。

善用數位科技，追上趨勢，就可以做好數位行銷？

關於這一題，我的答案是……咳咳：不要一味地去嘗試最新科技，而在面對新東西時也不要太過保守。這句話，根本是星座大師或趨勢專家會提供的那種模稜兩可式建議，套用在不同人身上也都適合的一句解藥。（抱歉，我是開玩笑的）。

有很長一段時間，數位行銷公司會幫品牌做 Flash 網站，後來開始做 App、微電影、粉絲專頁活動、或是把 LBS[16]、SNS[17]、戶外互動裝置（Outdoor Installation）、擴增實境（AR）、二維條碼（QR Code）、HTML5 等新穎的工具類型跟專有名詞放在

提案裡，試圖引起注意。

的確，新事物跟新技術真的比較容易引起注意。

我的公司也在因應潮流之下大談創新，甚至還藉此拿過許多次的廣告獎。然而「運用新技術而成功的、真正精采的案例」在行銷圈真的屈指可數，反而是當某個案例爆紅，成為業界典範之後，就一定會出現非常非常多的「追隨模仿者」。

善用數位科技，追上趨勢，就可以做好數位行銷嗎？我想重新回答這一題。

其實，應該在構思行銷操作前，先想想看這個工具能不能幫品牌「解決問題」；如果團隊裡頭大家都覺得可以，那就做做看。千萬不要因為老闆喜歡什麼，廣告公司提什麼，或是時下流行什麼，就去搞一個玩玩。

在 2016 年，虛擬實境又因為 VR 頭盔（VR 眼鏡）這個設備開始熱門起來，像 HTC、SONY PS4、三星都推出自家的 VR 產品，除了電玩遊戲跟色情領域，也開始被運用在行銷活動上。

Dior 跟三星合作推出 Dior Eye，讓消費者可以近距離觀賞時裝秀的幕前幕後。你會不會想看一下那些超級名模跟彩妝師在後臺的樣貌？雖然你所觀看的畫面是剪輯過的，沒有什麼脫穿衣物的鏡頭，不過卻比以往所有的時裝秀影片更有臨場感。

《紐約時報》則是對他們的實體訂戶寄出一百萬個 Google Cardboard，這是一種用紙板做成的簡便式 VR 眼鏡，目的是推廣一部戰爭下兒童無家可歸的公益影片 *The Displaced*，你只要把手機卡入 VR 紙板眼鏡，便可觀看遭到戰爭後摧毀斷垣殘壁的城市。

前陣子，我也在臺北鬧區看到一個韓國美妝品牌，只要購買到一定金額，就可以在門市戴上 VR 頭盔，跟帥哥代言人玩約會戀愛的遊戲。

近期有許多搶搭 VR 熱的品牌，推出各種體驗活動，很吸睛，做起來也不便宜，但到底會流行多久呢？如果在數位行銷領域待上幾年，你會發現，大家都很喜歡運用新奇流行的產物。但，當消費者不再對這件事情感到新奇，這些一窩蜂也會很快的消失；而且消失後，就幾乎再也不會出現了，彷彿大家都恨透了這個東西。

因此，**高流行度的同時，也代表了高淘汰率。**

如果是觸角比較靈敏，比較快跟上的，可能會賺到一些話題效益跟流量，而動作比較慢的品牌就真的很可憐了。一場精心設計的活動卻早已失去新奇感，花上大筆預算製作的內容也因為不在話題上，消費者連看都不想看一眼。

「微電影」也曾經有過一窩蜂的熱潮對吧。但現在，我們還記得的微電影品牌有幾個呢？

這種現象在行銷圈層出不窮，如 AR 的應用、品牌 App、體感裝置、互動看板、LBS 等等，這些行銷應用都曾經被炒作起來，然後又快速地消失，大家避之唯恐不及。或許現在流行的影音行銷跟直播，不久後也會面臨類似的結局。

「行銷」應該是介於品牌和消費者之間的一個介質，能夠連接二端，可以像一條水管、一塊條繩子或一塊雙面膠，採用很多種方式來連結，不管是寫部落格、拍微電影、找一群網友來做一件事，做一個活動網站、玩一個社群活動等等，目的都只是「透過創意與消費者建立連結」進而解決行銷上的問題，採用什麼工具介質反而是其次，更不能認為我們運用了某款工具，就是做到了行銷。

當我們想要企劃一個行銷專案的時候，會怎麼開始進行企劃？許多人會是先決定採用一種工具，然後才去填內容，因為這種工具是當今趨勢，因為它正紅。我剛開始做行銷的頭幾年，對此也有很大的誤解，所以也曾瘋狂地去追流行。

但企劃的流程難道不應該是：「找到應該解決的問題（Why?）→ 找到溝通問題的方式（How?）→ 決定採用什麼工具（What?）」這樣的順序嗎？

我們可以反覆地向自己提問：若這個 VR（或 App，或任何數位行銷工具）是品牌和消費者之間的一座橋樑，那這座橋將將帶消費者去哪裡？要讓消費者體驗或感受的是什麼？如果不是 VR 這項工具呢，那是否有更好的方式或手法？

若我們決定做個 App 好了，如果沒辦法創造共感連結，消費者可是會毫不留情的立刻刪了 App。我

相信你也是曾經下載了許許多多的 App，現在大多數都刪了對吧？讓自己扮演一個嚴格的消費者，肯定是行銷人必須的工作啊。

每一種數位工具的作用都不相同，假設深思熟慮之後，在行銷圈已經退流行的 App 或曾經的某某趨勢恰好能解決我們的問題，當然還是可以用它。但採用某某行銷工具，參加某某大師推薦的課程，加入某個當紅的平臺，或是看了你手上這本熱賣的行銷書，就「保證、一定」會幫助我們的生意嗎？答案當然是否定的。

在學習、追尋、或自我風格建立的過程中，我們最常發生的狀況，是**缺少思考跟辯證**，因為跟隨潮流真的過得比較輕鬆，也不容易出錯，而且就算出錯了，也是大家一起錯。這可以回應第三章講到的「旁觀者效應」，如果我們不是第一個人或最有力量的那個，那多半就是旁觀者。

行銷任務，永遠比行銷工具更重要。但，一起盲目追求新科技或炒作趨勢的現象，在數位行銷圈真的過於太氾濫了。

後來，有些品牌跟行銷人，開始主張「內容至上」，呼籲大家應該回歸到基本盤，不該以追求新奇炫技為傲，不是靠辦活動跟媒體曝光來吸引短暫的關注度，而是用優質的內容來吸引真正的粉絲。但到底品牌該創造哪些內容？內容行銷會不會又是另一個即將退潮的「趨勢」呢？這個問題就留給大家思考囉！

# #

使用新工具前自問：
它會是品牌與消費者間的橋樑，
並創造共感連結嗎？

===========

這些年，我們一起追的內容行銷

在一九九幾年，網際網路的發展初期，先稱之為舊數位行銷世代或數位 1.0 時代好了，我們會談到三個 C：內容（Content）、社群（Community）、通訊（Communication）。而近幾年的數位行銷，則以新四個 C 為主軸：**社群（Community）、內容（Content）、群眾外包（Crowdsourcing）、共同創造（Co-creation）**。

在進行一個數位行銷規劃時，我們會幫品牌設想到時下最流行的平臺工具，當然也包括那些絢麗多彩的數位科技。但反觀本質面：**溝通的本體**。從舊數位到新數位已經過了將近二十年，我們幫品牌創造的也仍然包含了「內容」跟「社群」，幾乎沒有變過。

然而究竟什麼才是品牌該擁有的內容？

簡單的舉例：一家專賣蔬食的餐廳創立了部落格（或官網、粉專、影音頻道），每天固定介紹國內外的蔬食飲食趨勢、素食者的健康須知、食譜、營養學知識等等，闡述的內容也言之有物，久而久之，這個部落格就成為素食者必逛的網站，讓身為素食者不看就落伍了。

我們也可以把「蔬食餐廳」替換成：

- 教你去法國怎麼玩的旅行社；
- 教你怎麼養寵物的愛犬食品公司；
- 教你媽媽寶寶知識的紙尿褲或奶粉品牌；
- 教你跑步訓練技巧的球鞋或運動服飾。

「內容」這件事是行銷的基本功。會這樣說，是因為無論品牌官網、部落格、影音、討論區、網路活動，甚至電子商務，無不靠內容來吸引人。

如果你去研究淘寶商家，會發現許多店家的商品介紹，都使盡全力去展現商品特色，商品頁面中有高帥漂亮的模特兒，產品各部位的細節拆解圖，略嫌誇張的功能跟材質演繹，規格勝負比較表格，生活情境示範，買家實穿心得等等，這些都只是在「內容」上的基本功，為得是讓你還沒摸到商品時，就盡可能得先去認識商品。

所以，內容行銷也跟置入行銷有點類似。

例如電影《007》裡頭的置入行銷，就是男主角龐德總會開著帥氣的跑車、穿著俐落的西服、戴著名錶，這些總在電影裡用各種帥氣方式來展現出來。而消費者的閱聽順序是看電影，被娛樂，然後再接觸到品牌。

假設，有一個廚具用品邀請《007》的男主角來演出：如何下廚燒菜擄獲女人心，並一連推出好多集，這就屬於「內容行銷」。消費者的閱聽順序其

實還是看影片，被娛樂，然後帶到品牌。

　　二者的溝通順序雖然是一樣的，而且都是以「娛樂觀眾」為出發點，然而在電影裡面，品牌會被電影本身的娛樂效果跟劇情稀釋，也因為同時置入的品牌數量很多而失去獨佔性；而「內容行銷」則是**完全依照行銷需求所量身定做**，是完全為了品牌溝通而「被企劃」出來的。

　　例如電視上常見的健康節目。先聊到現代人的某種健康問題，接著提到幾種對策，並請來醫生、營養師、藝人以及產品專家，用不同的角度來討論，而其中一種XXX營養成分可以幫助這個健康問題，因此介紹XXX的醫學原理、營養價值，以及這種病況帶來什麼危機等等。節目企劃單位把商品潛移默化地安置到節目內容裡頭，讓消費者難以察覺。

　　但如果，把常見的電視節目置入，約莫一小時的電視節目內容拆開重組，變成幾篇部落格文章，拍幾隻網路影片，或做成線上直播問答，其實就又屬於「品牌內容」的建置了。

　　還是同一句話，不要太迷信於專有名詞跟趨勢。「做內容」跟「做置入」是一體的兩面，較明顯的區隔是：置入行銷是較短期的操作，而內容行銷是要長期的、持續的讓消費者願意一直回來，其共通點是二者都必須讓消費者得到一些收穫，無論是用有趣的內容讓他們獲得娛樂，用知識性的內容讓他們開始關心某議題，或是創造不可思議的事件讓消費者嘆為觀止（詳見第一章）。

　　在內容行銷的任務當中，立即的銷售並不是首要目的，市場區隔跟好感度的營造才是首要的。在「內容行銷」中我們只需要專注兩個任務：

　　透過內容，讓消費者覺得產品跟自己有關聯。

　　透過內容，讓消費者更加喜歡或更加認識品牌。

但大前提是：

● **產出的內容，對消費者有甚麼好處？**
● **能否先藏起銷售意圖，不要賣得太明顯？**

　　不管你是什麼產業，設定內容主題的第一要務，想的都不該是「我的商品有什麼特色？」、「促銷活動該提列哪樣的贈品？」想看你品牌內容的人或許也想知道這些資訊，但這些不能當成你內容的主角。

　　就像鐵達尼號的電影一樣，大家都衝著「這巨大的船，到底是怎麼被弄沉的？」而來，但沉船這件事只有幾分鐘，整部電影卻是由許多故事、角色、情緒來提味：愛情、親情、友情，還有人性的貪婪與無私……這些綜合體加在一起的結果，決定了消費者看完電影後，是結束了一場娛樂；還是走出戲院之後，繼續沉浸在整個故事之中的差別。

有什麼事我們在短短的廣告當中說不清楚，但可以跟目標消費者建立關係，又會讓人覺得實用或有趣？這些都是企劃的方向。

你或許會想到，某些品牌會推出自己的會員刊物，美國 Whole Foods 超市針對媽媽族群推出一系列的內容：教你省錢的 COUPON、有限預算的食譜、主婦省錢妙招、適合夏日喝的酒、如何讓你的廚房更好用、如何舉辦派對、如何廢物利用……等等內容。跟塞滿你家信箱的廣告 DM 相比，你喜歡哪種？

另一方面還可以思考，會有哪些細節，可以增加我們的品牌質感，或是讓消費者想到某件事就一定會想到我們？至於形式，那可以是 App、網站、印刷品、影片……各種媒介都行。

在 H&M 官網裡面，有個分類區塊 H&M Life[18]，H&M 的粉絲可以在這個分類裡汲取世界各地的時尚靈感，涵蓋範圍不僅只是 H&M 自家的產品內容，還包容其他品牌、彩妝、設計師，很多消費者都是衝著這些內容來的。H&M 把粉絲的個性鎖定在：一個什麼都要追隨的年輕女孩。因此 H&M 花費心力提供這些女性們最新的服裝飾品，時尚趨勢的部落格文，或是季節性的穿衣指南；使用相簿的形式，為不同個性的年輕人搭配時尚單品，擄獲年輕粉絲們的心。而對 H&M 而言則是掌握了發言權與主動出擊的能力。

LV 如何經營讓你相信內容行銷，「時尚她說了算」？

如果有一個介紹奢華生活形態的網站，從網站名稱 NOWNESS 開始，就沒有半點品牌的影子。該網站每日固定產出一篇獨家內容，不但不是在賣產品，還不排斥介紹競爭品牌的資訊，網頁上看不到任何一個廣告圖像，除了內容還是內容，而且一經營就是六個年頭，遍尋整個網站也找不著背後的影武者，但時尚品味人士跟有心人，都知道這網站隸屬於哪個品牌。這，是不是很奇妙！

如果你看到 Louis Vuitton 兩個字就嚇到腿軟，認為「他做得到的事，我的品牌做不到」，便開始自暴自棄。那就枉費你買這本書了。

沒錯，LV 的官方媒體：NOWNESS，內容之豐富與多元，以臺灣本土品牌的實力跟財力，應該只有幾位老大哥跟老大姊可以做得到，大概，就像是創辦了一本《ELLE》或《VOGUE》雜誌全球版（還不是國際中文版）這麼難。

但我提出的重點，並不在「要你跟 LV 做的一模一樣」，而是學學 LV 經營品牌的精神與理念。

我們先來看 NOWNESS 網站的自我介紹：

NOWNESS 是一家國際文化線上平臺，每日呈現獨家內容。我們為熱愛創意文化的人士精心策劃出一處資訊目的地，同時也讓其成為媒體和時尚領域從業者們的一個參考點；此外，我們還致力與傑出藝術家們合作，積極發現、創作並展示卓越的創意作品。[19]

說實話，在看過太多品牌自稱要如何如何地提供資訊，最後都淪為自我推銷或是說跟做不一樣的例子，但 LV 經營的這個網站還真的說到做到。NOWNESS 網站內容以影音為主，共有九個類別，從藝術、美容到時尚、旅遊等，目標對象主要關心的議題都有。除了英文之外，唯一的其他語言就是中文，而且完全同步。

過去品牌靠新聞稿餵養給媒體，再接觸到消費者，或是任由網友替你詮釋。現在，品牌主自己來，天天做，給任何一個覺得內容有益的網友，再透過這些網友們，分享給更多與自身品味類似的朋友，最後映入眼簾的，就成了一則經過朋友幫你「嚴選」的內容。

NOWNESS 網站的內容都不是流行文化、無腦、好消化的那種，而是紮紮實實的創作，沒錯，就是非常實驗性、走在時代前端的表現形式。你隨便挑一篇來看就會懂我的意思。像我這種假文青、大老粗對這類內容可是無福消受。

問題來了：「LV 為什麼要做這些曲高和寡的內容？」

正所謂內行的看門道，外行的看熱鬧，有幾個人看得懂蔡明亮（或你朋友口中某位藝術大師）的電影？但不論看不看得懂都無損他們作為藝術大師的稱號。之所以為大師，是長期的表現，建立起許多藝術人士跟同業專家的背書。

同理，Louis Vuitton 說「要引領時尚潮流」，如果你會相信，絕對不是因為他說了他是，而是因為他做了什麼，還有持續多久。因此，LV 是在創造時尚圈的領導地位跟發言權。

這個網站在做的事，就如一開始設立時所說的一樣，沒有品牌的影子，為熱愛創意、文化、時尚的人提供資訊，很忠實的，站在消費者的角色，不會丟出你不想看的產品廣告，有的只是每天給你一篇好內容。如此週

而復始堅持的結果，就塑造了 LV 在業界具有公信力翹楚的地位，讓真的想要看創意文化與時尚的網友，知道來這個網站便可獲得滿足。

　　LV 之所以費工夫的這樣做，絕不是因為錢太多，而是他清楚知道「在面對數位時代，品牌該怎麼跟消費者溝通」。在數位時代裡，消費者對於購物決策參考的權重，長這樣：

　　你相信的朋友→沒那麼熟的朋友→業界專家→陌生網友→媒體說的→品牌說的→廣告說的。

　　諷刺的是，過去品牌慣用的手法：「用廣告來說」，對消費者的影響力卻是最低。

　　Louis Vuitton 知道品牌絕對沒辦法變成你的朋友（除非你是名媛貴族或某領域的全球代表性人物啦，失敬），但他努力做好一個業界的持平專家，用內容行銷來拉近與你之間的距離，進而影響你或你的朋友。這，就是這個內容網站的企圖。

從 NOWNESS 網站，我們可以學到什麼？

1. 提供對消費者有益的資訊：

這句話，可不是一句讓你掛在牆上看爽的口號。你以為品牌成立了內容網站，網友就會自動自發乖乖來報到嗎？現在網路世界什麼資訊都有，如果你網站的內容不是網友感興趣的，那麼他為什麼要來看？

以 LV 這種知名度，尚且都不敢怠慢這句話，他不是扮演高高在上的時尚之神，而是認認真真地做內容給老百姓觀賞。如果你自認沒有 LV 的實力，那能做的，就只有「更落實」。

你會問「什麼是對消費者有益的資訊？」如果你腦筋打鐵，想到的只有說自己產品好話，那麼請試著讓自己跳脫品牌，從消費者角度出發思考吧。

2. 建立業界領導地位：

內容網站（內容行銷）可以幫你建立領導地位跟影響力，特別是當你是同業之中領先的品牌時，更為適合。

當其他品牌說的內容都是老王賣瓜，或是大家都在說類似的資訊時，你的內容越公正，持平，不偏頗，不賣東西，你的影響力就越高。這道理就跟做人一樣。我們會主動避開那些熱情滿載，但實際上是想要拉直銷、保險、辦卡或推廣心靈課程的親朋好友。這道理一說大家都懂，可是往往一旦操作品牌內容的時候，就忘得一乾二淨。

我不敢奢望臺灣品牌在經營內容時，還能不以品牌為中心，只求盡量不去提品牌的好，或是巧妙一點的把商業意圖好好包裹起來。但至少可以想想，以下三個建立領導地位操作的內容方向：

- **傳道**：說整個產業的未來趨勢，而不只是自己品牌發展；
- **授業**：說品牌可以如何幫消費者生活加值，而不是自己有多好；
- **解惑**：解決顧客使用產品的困擾，或是讓產品使用的更好，而不是推銷。

成軍四年後，NOWNESS 網站首次出現的商業內容，這是一個 shoppable（可供購買）的影片，只要點選影片中舞者的衣服，就可以看更多資訊，前往購買處。這影片的服飾除了自家的商品之外，還有對手 Gucci 集團的 Bottega Veneta 等。

對消費者有意義的內容

與內容行銷非常相關的另一個概念是：Inbound Marketing，我一直不知道該怎麼翻譯才會比較適切。如果用方法論來說，Inbound Marketing 大概有三個必須互相支持的步驟：

1. 創造好的內容，讓客戶發現你，藉以換來流量（Traffic）；
2. 透過好的內容溝通，把流量轉換成銷售（Content）；
3. 分析、修正、測試，然後反覆進行（Analysis）。

Inbound 是與 Outbound 對比之下的產物，顯著的差別在於，以往的 Outbound 式行銷比較像是推銷，由品牌告訴你：這東西很好吃，吃起來很開心，大家都喜歡吃，那你要買嗎？在傳統時代也普遍認為，只要拍好一個廣告片，然後花錢下廣告就會帶來生意，遵照這個順序就可以做生意了。

而 Inbound 式行銷，卻是要設法讓客戶喜歡某件事情之後，然後再藉由這件事找到你，並因為你提供的內容讓他獲得許多好處後，才慢慢的喜歡上你（感覺慢吞吞的，也多少可以解釋成：是在累積品牌的形象）。因此，有些人把 Inbound Marketing 翻譯成「集客力行銷」或「招攬式行銷」都不算是十分貼切，所以我們還是用英文來稱呼它吧。

行銷人應該都學過 AIDA 這個步驟：

- 第一步（Awareness）：讓消費者經由廣告認識你，也就是**知名度**跟**傳播的廣度**。
- 第二步（Interest）：注意到廣告訊息之後，對產品或品牌**產生興趣**。
- 第三步（Desire）：消費者**想要擁有**這項。
- 第四步（Action）：消費者採取購買**行動**。

遵照 AIDA 是傳統行銷年代的邏輯，第一步的 Awareness 被稱為「廣度」，通常就是指：投放大量的廣告來接觸更多消費者，因為當時的消費者沒有幾臺電視可以看，對節目內容跟廣告都沒得選擇，

也必須接受廣告的轟炸；而在數位世代的前幾年，也只要吸引網友點擊廣告，進去網站之後又逛個幾頁，或者留下名單，行銷任務也就達成了。

現在要吸引消費者越來越不容易，即便品牌想傳送的訊息是對消費者真的具有價值，曝光機會也會大幅降低。在新數位時代裡，早就不是搞一個記者會或拍個超越尺度的廣告，就會被新聞媒體大肆報導。

網友的上網習慣不斷在改變，我們現在會從「朋友的貼文」而進入一個網站，但看完一篇文章就離開，連網站名稱都不記得。大多數人的首頁也早已不是入口網站，而是一個搜尋框，想到什麼就主動進行搜尋。而且，有很多行銷任務已經把 AIDA 濃縮在一個步驟，在一個網頁當中就要把產品講完，然後成交，點擊廣告之後就直接要看轉換率。

要研究廣告的成效問題，我們會用 Google 分析（業界簡稱 GA）或其他統計軟體，去瞭解「廣告點擊」、「網站流量」跟「網友到訪行為」三者之間的關係。

我們常發現有個叫「跳出率」的數字會落在百分之八十至九十幾。這表示絕大部份的網友點了廣告之後，連一頁網頁都沒有看完，眼光就飄走了；而某些頁面的「平均停留時間」只有幾十秒鐘，顯示消費者進入網站之後，根本就不想繼續瞭解產品，也不喜歡看你的網站。這真的是絕大部分品牌面臨的現狀。

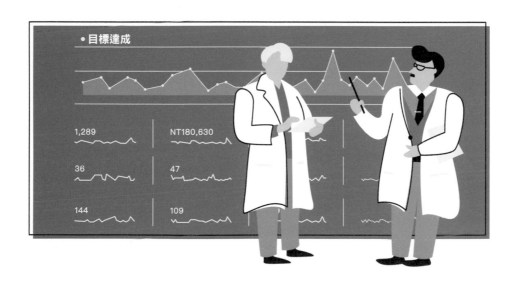

假設你的廣告點擊率是好的，在面對上述狀況時，需要的並不是加大廣告預算，而是要研究廣告溝通訊息，同時改善內容，讓網友進入網站之後願意停留並繼續閱讀，才有可能達成轉換或銷售。你只要讓每一個廣告連結的 URL（網址）跟結帳過程中，都綁上一些程式代碼跟參數，就可以開始統計這些東西。

為什麼內容行銷要講這些？

這年頭，許多行銷人員應該都只對 SEO 跟 GA 略懂略懂，但研究流量數據跟改善網站內容訊息的含意，有時候反而會比下廣告帶來的效益還更給力、更容易。

不妨先檢查一下品牌的官方網站，是否還是硬梆梆的介紹自家產品跟服務，甚至連產品分類方式，都是用公司內部才懂的術語，也可能寫了品牌故事，卻是描述著八股無趣的歷史沿革，講著創辦人從 1957 年開始完成了哪些豐功偉業。

我們幹嘛花錢又花時間來讓自家網站變得超無聊？「啊～那是老闆（或客戶）指定的，我也覺得瞎。」一句話就把責任推得一乾二淨其實才瞎，枉費了一身的好武藝。

另一方面，你應該也對「佔領式廣告」（Display Ad）充滿敵意吧？我們常迫不及待點開一個連結、想一睹文章內容，但往往是跳出滿滿的廣告佔領手機螢幕，這時候，你是不是都在找尋關閉按鈕？

這些廣告內容跟形式，連身為行銷人的我們都感到厭惡，憑什麼要消費者喜歡？我相信是在這些狀況下，行銷人才開始鼓吹內容對品牌的重要性，但其實，內容行銷根本就不是什麼新鮮事，最簡單也最重點的是：讓消費者喜歡你做的每一件事，包括廣告、網站、貼文、影片、活動、就連部落格文章都要對消費者有意義。不然就考慮重新來過吧。

如何用內容行銷推廣慢跑鞋？

我常在面試時，詢問應徵者這個問題——如何用內容行銷推廣慢跑鞋。

如果把這個主題，換成「蔬果汁」或「有機食物」也是可以的，但最好不要是自己正在販售的那個東西，因為聰明的面試者一定會有備而來。

回到慢跑，訓練有素的行銷人可能會說：找幾個專精運動的部落客，採訪一些知名運動人士，寫篇〈慢跑新手該如何選擇跑鞋〉或是〈從 2.1K 到 21K 的訓練秘笈〉，告訴大家如何選擇一雙輕量材質、透氣又有減震效果的慢跑鞋，並於文章中巧妙安置我們的品牌。

但約莫在 2014 年左右，有個運動鞋品牌卻絲毫

不講運動,反而是說了李宗盛「製作吉他」的故事。

音樂人跟吉他,跟運動絲毫不相干,但品牌主描述一位工匠在製作樂器時表現出來的專注跟嚴謹,透過李宗盛的旁白,描述他對音樂創作的執著跟熱情,直到影片最後才告訴你,這雙跑鞋也有著跟音樂相同的生命力。

在幫品牌規劃內容行銷之前,就算只是一則小小貼文或一個直播主題好了,不妨先自問以下三個問題:

- 我們想要推出的內容,跟品牌本身有關嗎?
- 我們想要推出的內容,為什麼消費者喜歡看?
- 我們想要推出的內容,解決了消費者的哪些問題?或是帶給他們什麼反思?

我相信,這年頭大多數的行銷人,仍舊會選擇刊登廣告來介紹運動鞋,例如優美外型、時尚配色、頂尖材質、最新科技、某某藝人代言、現正促銷中等訊息。我也相信,好的產品力跟促銷活動,多少會勾到有需求的消費者;事實上,這種銷售式廣告,多如砂糖旁邊的螞蟻,廣告預算會像石頭丟到水裡,多少會引起一些漣漪,但也很快就會被其他廣告給覆蓋過去。

我們看完一則廣告之後,許久都還記得,不僅僅是因為這則廣告的與眾不同,更是因為他們提供了消費者一個對人生未來的想法。

這則以李宗盛為主角的影片,是中國 New Balance 製作的《致匠心》,推出之後,不僅行銷圈喧騰不已,更在社群上引發熱議。

在這支影片中,李宗盛的聲音跟專注,非常有感染力,消費者不僅會此記住這個吉他的故事,而且會記住鞋子的品牌,其成效很像第一章提到的 SK-II,以多位女性為主角的一系列影片,從頭到尾都沒有提到產品功能,完全不講產品特色,但都帶出一個人物角色,一個議題,一段人生,可以引發討論跟分享。

◀ New Balance《致匠心》CF

可以打爛 iPhone 的果汁機是哪一臺?

你可能看過,一位穿著白袍,戴著護目鏡的大叔,把 iPhone 放到果汁機裡打碎的影片吧?

或許,我們早已經忘了是哪個牌子的果汁機(其實就在大叔身後的背板上),但我們不記得的主因,僅是在觀看影片的同時,對這件商品(果汁機)還

沒有需求而已；某天想要買果汁機的時候，我們會不會想起「有臺果汁機可以粉碎 iPhone」這件事？

這位精神可嘉的大叔其實就是果汁機品牌的創辦人，他還曾經打爛過橄欖球、高爾夫球、變形金剛、瘋狂瞬間膠、可樂跟它的鋁罐、魔術方塊、麥當勞超值全餐、五十三臺玩具車、四十支原子筆、五個打火機（然後爆炸了）等等。如果你還不知道這些事，會不會想要一窺究竟？不管你是產生興趣或是懷疑，只要引誘你看到影片，那就成功了。

他們把這些實驗影片集合起來，成立了一個名為「它可以被打爛嗎？」（Will It Blend?）官網[20]。在這個網站裡頭，它告訴你哪些東西可以在家嘗試打打看，例如製作真正的蔬果汁、冰沙跟濃湯；而哪些只是純粹的示範，千萬不要嘗試。這些內容，你要說它是傻到不行？還是有趣不行？

有些人可能會問，喜歡這種惡搞影片的應該都是年輕人，有溝通到真正的銷售對象——家庭主婦——之類的嗎？附帶一提，他們可是從 Nokia 8310 的年代就開始做這件事，十幾年來未曾間斷，那些當年的小伙子、小女生，現在都已經到了買果汁機的年齡，所以是哪一臺果汁機優先佔據在他們心裡呢！？

Apple 十幾年前就在做的內容行銷

把時間往前拉幾年，看看還沒推出 iPhone 時，仍以銷售個人電腦為主力業務的 Apple，他們也已經在思考品牌內容，包括最經典的 *Get a Mac* 系列廣告。

廣告畫面的左邊，穿著不合身西裝、戴著金邊眼鏡的 PC 角色，代表著自誇、死板、沉悶、是工作用的，而且還頻頻出錯的一個中年大叔。另一邊（畫面右側），是穿著牛仔褲的 Mac，代表著自由輕鬆的生活，感覺動靜皆宜，是個充滿活力的年輕人。

Get a Mac 系列廣告據說拍攝了超過一百支（包括不同國家的版本），自開播後便取得了強烈迴響。然而，除了影響立即的銷售量，我覺得更像是 Mac 的光源氏計劃[*]，試圖透過「心佔率」來影響消費者好幾年後的購買決策。怎麼說呢？

在當年的使用電腦環境之下，大多數人都是 PC User，我們在私人企業或公家機關任職，也多半只有在工作的時候使用電腦，而非把電腦視為休閒工具。*Get a Mac* 廣告中不斷以幽默方式詮釋 PC 電腦的死板、沉悶、頻頻出錯當機、非常容易中毒等等狀況，

---

* 光源氏計畫一詞指男人把小女孩撫養長大，將她培養成自己理想中的女人，以期能成為自己未來的結婚對象。典故出自日本古典小說《源氏物語》。

這些都是我們工作時的親身體驗——深受 PC 電腦所苦。

但，這些 PC User 卻不太可能立刻就轉換到 Mac，因為當時連 Mac 版的 Office 都沒有，網路通訊協定也不一樣，當公司買了一臺 Mac 之後，要如何跟其他人或其他公司「相容」。

臺灣廣告前輩 David 龔曾問我：「你覺得 Get a Mac 這系列廣告是要把電腦賣給誰？他是在跟什麼對象溝通？」很多人會說：「是在跟年輕人或學生族群做溝通。」其實不僅如此。

例如 Mac 請來超級名模吉賽兒，並介紹給 PC 大叔說：「這是我週末用 Mac 做的家庭電影」，而 PC 大叔卻帶來一個滿臉鬍渣，造型凌亂不堪，並且跟吉賽兒穿著同一件洋裝的反串醜男，羞於見人，真的讓人捧腹大笑。Apple 透過一支又一支的幽默影片調侃 PC，目標對象除了是年輕人之外，還企圖讓沒有辦法立即淘汰 PC 換成 Mac 的成年消費者，心裡種下「下一部電腦絕不買 PC」或是「不要讓我的小孩跟我一樣，當一個蠢 PC 用戶」的想法，讓這個種子在潛意識裡自然的萌芽。

消費者怎麼看你的品牌？是**從你做的每一件事情當中，去認識你**。我們所做的每一件事，都可以是對消費者有意義的內容行銷，造成更深的心理影響，

而且會在消費者的心中累積。

在看過這系列廣告之後，我還汰換過幾臺自己使用的 PC；直到五年後，才買了第一部 Mac，又過了幾年，公司才全體換成 Mac，連最不熟悉電腦操作的會計小姐都無痛轉型成功，徹底被蘋果攻陷。

戲劇圈有句話說：「臺下是一票正常人的時候，

就會專注地欣賞臺上那個瘋子，並期待臺上的瘋子會帶給觀眾什麼。」除了 Mac 孤身力抗眾多 PC 品牌的事件之外，還會讓人想到 2014 年新任的臺北市

長柯文哲。當年這位政壇素人不見得是眾多候選人當中條件最好的，還可能是歷年來最怪的，例如被採訪的時候不看鏡頭，外表沒什麼親和力，也鮮少西裝筆挺。但他做的每一件事、他的想法主張，卻都跟其他市場上普遍的政治人物都有點不太一樣。

我們會說：「人格特質」跟「市場區隔」才是品牌優勢。你的學經歷、財產多寡、老爸是誰、做過哪些豐功偉業、長相帥不帥，不過是各家產品的「背景條件」，當你有 A、B、C 三項優勢，另一位會有 C、D、E 三項優勢跟你拚，很難比較出真正的價值。

柯文哲透過演講、廣告、新聞、粉絲專頁、公開投票這些方式來創造話題。例如透過影片，講述他任職醫師時的專業與態度，或是不斷表達他對廢除某條公車專用道，以及其他政見上的堅持（或頑固個性），還有在 TED 演講時，訴說他掌管急救團隊時的生死觀等等。從這之中的每一件事情裡，都會讓選民覺得柯文哲看世界的角度，跟以往的政治人物都不太相同。甚至連他所患的亞斯伯格症，也成為媒體跟全民關注的話題之一。

Apple 這家公司相當瞭解這點，他們知道要建立品牌的人格特質跟市場區隔，而不是追求產品功能上的絕對優勢，因為消費者買的並不單純是產品功能，而是購買了這件物品之後，**會帶給**我們什麼樣的改變，會**給予**我們什麼期待跟情緒，包括內在或外在的感覺，以及更重要的——對我這個人的未來**影響**會是什麼。

他們在廣告中講出消費者的困擾或期待，告訴消費者 Apple 是怎麼想的，研究了哪些事情，替消費者帶來生活上的好處，也告訴你 Apple 怎麼幫你解決種種問題，然後讓你相信：Apple 可以做得到。那你要不要 Get a Mac ？這只是時間跟預算上的問題了。

注釋來源

1. 〈借 30 萬種香瓜「泡湯」老孃搥胸痛哭〉，中時電子報，https://www.youtube.com/watch?v=3l11cfz8irY, (2013/08/22)。

2. 〈「幫幫嘉義朴子的香瓜阿嬤！」2 萬 3 千名網友響應〉，ETtoday 新聞雲，https://www.ettoday.net/news/20130824/260703.htm, (2013/08/24)。

3. 米卡，〈Honda 的 facebook，讓你把朋友拉拉拉進來〉，米卡的行銷放肆 Marketing Funs，http://www.jabamay.com/2009/08/hondafacebook.html, (2009/08/06)。

4. 「電子郵件行銷」，〈病毒式行銷〉，維基百科，https://zh.wikipedia.org/wiki/%E7%97%85%E6%AF%92%E8%90%A5%E9%94%80。

5. "Crash the Super Bowl," *Wikipedia*, https://en.wikipedia.org/wiki/Crash_the_Super_Bowl.

6. "TV viewership of the Super Bowl in the United States from 1990 to 2018 (in millions) ," https://www.statista.com/statistics/216526/super-bowl-us-tv-viewership/, *Statista*.

7. Legion of Bold, https://www.doritoslegionofthebold.com/.

8. 「孔雀餅乾，我的餅乾」活動影片：https://www.youtube.com/watch?v=ZBDUul7gbTF&t=0s&list=PLnGIfcFOhOy_9yMieCVXDHvt3ubOh-WJO&index=6 。

9. HowHow，《恐怖餅乾，我的餅乾》，*YouTube*，https://www.youtube.com/watch?v=cnIELUaDgiA, (2014/03/11)。

10. LEGO Ideas, https://ideas.lego.com/.

11. LEGO Ideas, https://zh.wikipedia.org/wiki/%E4%B9%90%E9%AB%98Ideas.

12. IKEA Hackers, https://www.ikeahackers.net/.

13. Facebook「好友紀念日」官方網站：facebook.com/friendsday。

14. Uniqlo Taiwan, *facebook*, https://zh-tw.facebook.com/uniqlo.tw/posts/134292289983375, (2011/06/29).

15. "Ford Fiesta Movement: Using Social Media and Viral Marketing to Launch Ford's Global Car in the United States," *INSEAD*, http://www.bu.edu/goglobal/a/goglobal_courses/tm648/spain/fordfiesta_vmc.pdf.

16. LBS，移動定位服務（Location Based Service）之簡稱。透過移動 GIS、定位、網路等結合，提供空間地理位置的訊息服務。

17. SNS，社會性網路服務（Social Network Services）之簡稱。透過協助一群具有相同興趣與活動的群體，建立社會網絡的互聯應用服務。

18. H&M MAGAZIN, http://www2.hm.com/zh_asia3/life.html.

19. NOWNESS, https://www.nowness.com/about.

20. Will It Blend?, http://www.willitblend.com/.

## CHAPTER FIVE

消費者喜歡怎樣的品牌？

> "
> 在許多時候，
> 消費者與品牌的關係不是依附在
> 「使用」產品所帶來的利益；
> 而是這個品牌對我有什麼價值。
> "

兩種行銷思維

我們可以用最簡單的二分法，將品牌的行銷思維區分成兩種類型：

1. 產品思維

2. 品牌思維

假設品牌是個「人」，而具備「產品思維」的品牌，就是不斷展現出這個人的各項優點，去**說服**人們購買產品；而具備「品牌思維」的品牌，則比較傾向於展現出品牌的內在特質，呈現出它的魅力，然後讓消費者**覺得**這個品牌的形象跟自己相符。例如 VOLVO 汽車長期打造出的品牌價值：安全性。這個形象就不只僅是安全而已，同時還包括了穩重跟可靠。

品牌行銷很像是「相識 → 戀愛→ 交往 → 結婚」的過程，每一次的追求行為或接觸點，就是一次建立好感度的行銷動作，例如約會、吃飯、看電影、聊天、接送、旅遊、逛家具店這些事件，消費者（被追求者）會在每一次的接觸當中，不斷檢視這個品牌（追求者）是否跟他匹配。

- 「產品思維」的行銷，會刻意營造出來一些浪漫事件如煙火、跑車、沙灘、香檳、生日禮物、情人節大餐、海島旅行。雖然消費者可能也會喜歡，但這些體驗都很短暫，也由於每一事件所帶來的情緒跟價值可能不盡相同，很可能難以連貫，或是把消費者的胃口越養越重。

- 「品牌思維」的行銷，代表著兩人有**共感**的一件事，比較重視內在情感的溝通跟接觸，可能是兩個學生情侶在颱風點起蠟燭共吃一碗泡麵，雖沒甚麼價值感可言，卻會讓彼此記住一輩子。

數位世代受歡迎的品牌，多半懂得去**創造**與消費者之間的共感連結，讓大家覺得，這個品牌是跟我們是站在同一陣線的，是朋友，有相同品味，甚至是對未來目標相似的人。那麼就先從一些案例開始瞭解起吧。

共體時艱，共同回憶

替你請假，讓你去看世界盃

不曉得你有沒有追過世界盃、大聯盟或 NBA ？因為在歐美地區開打有時差的問題，有些觀眾會想要熬夜看球，卻又很容易影響白天的工作，如果打

到前幾強或冠軍賽時，就會陷入該不該為了看球而請假的兩難局面。

每當世足賽開踢之前，網路上就會流傳「世足請假懶人包」，列出完整賽季表以及前八強開打後熬夜看球的請假指南，但也有些企業老闆推出「看球福利」來收攬員工的心。可見球賽的魅力真是難以抵擋啊。

然而，如果老闆緊盯著這件事，且更加嚴厲的不給我們請假，該怎麼辦？在上一屆的主辦國巴西有個當地的啤酒小品牌 Cerveja FOCA 真的很懂我們，順勢推出一個可用「宗教集會」名義幫我們發請假單給公司的線上服務：「足球教派」（Football Religion）。你只要填入姓名跟公司的 email，它就會發出一封看起來煞有其事的通知信函給老闆[1]。

「在巴西，參加宗教集會是可以合法請假的；而且足球對民眾來說也像信仰一樣虔誠啊！」對球迷來說或許真的就是如此。因此，這服務一推出就受到歡迎，讓民眾對 Cerveja FOCA 的好感度激增。關於這個案例，你有沒有想到：Enemy's enemy is friend，敵人的敵人就是朋友，這句經典名言？這個簡單的心理學常被默默運用在行銷上頭。因為看球賽是消費者的強烈需求，但必須上班卻與此慾望相違背，巴西啤酒品牌就藉此樹立二者的對立關係，

然後透過「幫你請假」這件事來跟消費者變成朋友。

這個行銷任務跟銷售業績並沒有直接的關聯，沒有任何的促銷任務或折扣活動在裡頭，但它的溝通概念很簡單也切合時事議題，消費立刻就能感受到品牌的善意和幽默感。

幫你說謊的電話亭

ANDES 啤酒在阿根廷創造了一個神奇電話亭，也跟足球教派一樣，巧妙地營造出「跟我們是同一掛」的感覺。在吵雜歡樂的夜店裡頭，ANDES 啤酒廠商提供了一個密閉隔音的空間可以接聽私人電話，還可開啟各式各樣的情境音效協助我們圓謊，像是開會中的討論聲，月臺上火車誤點的播報音等等，來讓我們可以喝得心安理得。[2]

這個案例背後的消費者洞察是 ANDES 發現消費者最不能開懷暢飲的原因：擔心待在家中的伴侶或家人並不喜歡另一半在外喝酒，所以消費者有時候會想要撒點小謊話，以繼續享受自己的美好時光。

這當然也包含了幽默層面，而不只是單純撒謊。畢竟大家都知道，回家後如果渾身酒味，還是會被另一半拆穿的。而附帶一提的是，臺灣某些貼心的情趣旅店（MOTEL）也提供播放戶外通勤音效的設計，這項服務應該比這個電話亭還更早幾年呢。

考驗友情的販賣機

　　一款商品能被消費者採用，或我們連續購入一個品牌的各項商品，其中必定包含某種程度的「喜歡」，那些懂得做品牌的品牌們會根據自己的屬性，用於特有方式連結消費者，像可口可樂在數十年來都是以「共享快樂」為主題，讓自己成為聚會中不可或缺的角色，而且將自身的地位總是：最佳配角。主角則是餐點本身、聚會活動，或消費者自己。

　　可口可樂公司曾經打造出一臺高出常人尺寸的大型販賣機（Friendship Machine），必須靠兩個人疊羅漢（或是自己孤單的搬樓梯來）才能買到可樂。也曾推出一款限量瓶，必須將兩瓶可樂的瓶口緊靠在一起，才能夠打開來喝的 Friendly Twist 限量瓶。

　　這二個案子都試著讓消費者體驗「友誼是美好的」。透過特殊設計讓兩人體驗朋友間合作的關係，一同努力拿到可樂，一起開懷暢飲；至於可樂的角色？它可能是誘因，也可能是回饋，不過消費者在體驗過程中，其實已經一併將品牌與象徵友情的行為做了連結。

◀ Friendly Twist 限量瓶。

▲ Friendship Machine
友情販賣機。

用一個微笑，換一支雪糕

Wall's 雪糕曾打造了一臺販賣機，跟可口可樂一樣想要傳達「分享快樂」並且讓你免費試吃。乍聽之下好像是個山寨版案例！但這個販賣機運用了臉部辨識技術，消費者必須展開笑顏或用跳舞等方式讓機器「確認」自己是快樂的，才能獲得一支雪糕。

這是一個運用少許科技就可以辦到的街頭試吃活動，簡單直接，不用多說什麼，男女老少都知道該怎麼玩，比靠促銷小姐在路邊攔客填資料的那種試吃體驗活動還強上許多。雖然跟可口可樂的疊羅漢相比，Wall's 販賣機較容易被玩過就忘，但其實也非常吸睛。

可口可樂的分享歡樂哲學跟它的眾多經典案例，早已默默影響了行銷圈，有眾多的品牌都跟可樂一樣打「快樂」訴求。但仔細想想，哪有一個品牌是為了「讓消費者不開心」而存在的呢？因此，快樂這個概念雖然可以適用於絕大多數的品牌，但如果只有展現出快樂，而缺少品牌個性跟區隔性，也可能會替品牌帶來「過目即忘」的風險。而這點是最容易被我們忽略的。

感覺對了，一切就對了

近幾年，在行銷組合裡常居於跑龍套角色的「體驗行銷」，有越來越受品牌主重視的趨勢。

之所以如此，一方面，是媒體廣告效益不如過往風光，品牌主期望透過活動，讓消費者在體驗的過程中感受到產品差異；另一方面，溝通面向越來越多元，除了最常見的溝通產品特色之外，服務、品牌意念、形象、好感、知名度……等任務，體驗行銷都可通吃。

但以上有個重要關鍵，如果沒有寬頻網路、智慧型手機、社群媒體以及影片上傳，來讓更多不在現場的民眾「感同身受」，使效益可以一下子無限放大的話，體驗行銷對大部分品牌來說，是無法從跑龍套的小咖，搖身一變逐最佳男主角的！

當同質性商品越來越多的時候，我們會需要越來越多的廣告預算，才能創造出跟以往相等的聲量，而另一方面，我們還要不斷發明新口味、降低價格來做促銷。這真的會讓品牌掉入恐怖的無限循環。

品牌如果總是想著「怎麼讓更多的消費者體驗到產品」，解決方案最後可能都會變成：多加一點媒體預算，多辦幾場活動，多找一些街頭派樣員。但在建立好感度的創意上頭不斷創新，對品牌才是一

條必然的出路。

　　無論是和朋友合作來換取可樂、用一抹微笑換到雪糕、情境啤酒電話亭等等都是非常高明的創意，這些品牌主們並不是敲鑼打鼓的要你去試用產品，甚至不說他們的產品多香、多好吃。而是打造了一個情境場域，讓消費者接收到情緒上的牽動。

　　從消費者熟悉的環境著手，體驗獨特的品牌氛圍。品牌只要知道**自己在環境中該扮演什麼角色**，丟掉以往老古板或高高在上的驕傲個性；而且商品是用起來、吃起來會讓人愉悅的，幾乎都可以用這種邏輯來建立品牌好感度。

　　套句感情上常常用的話就是：「感覺對了，就什麼都對了！」以下再舉幾個透過體驗行銷去建立好感度的例子，不用透過廣告對產品特色大書特書，但又能直接刺激銷售的案例。

啤酒就是你的捷運票！？

　　「喝酒不開車，開車不喝酒」這句酒類廣告警語，在絕大部分的情況下只是個「口號」，因為就算廠商想幫酒醉的人也不知從何幫起，所以只好靠消費者的自制力來實現。

　　然而當其他酒商只要求自己做到符合法律規範，而不再有進一步的積極作為時；巴西啤酒品牌

Antarctica 不但「口惠」，並且「實至」地幫助自家顧客實踐這句警語。叫大家開車不喝酒卻能同時促進銷售，到底是怎麼辦到的？

　　狂歡、啤酒、森巴舞，可是巴西嘉年華的標準配備，做為贊助商的 Antarctica，為了讓參與派對的民眾可以喝得盡興又放心，操作起史無前例的行銷活動：把喝完的啤酒空罐當作捷運車票。在幾個熱門地點的車站，喝完酒，嗶……一聲，你就可以搭著捷運而不用自己開車到想去的地方。

▲ 用品牌啤酒空瓶就能搭捷運。

　　說穿了，Antarctica 所做的，就是一臺裝在捷運入口閘門的條碼掃描機，只是我們從來沒想到要這

樣做。Antarctica 啤酒要你體驗的不是產品，而是感受他們以實際行動來關心你 。更難能可貴的是，這種關心讓消費者覺得又酷又炫，而且不會矯情。

對牛彈琴！讓你相信音樂使生活更美好

在德國多特蒙德音樂廳 Dortmund Concert Hall，為了讓一般大眾也可以體驗古典音樂的魔力，提出了一個你想都想不到體驗古典樂妙招——喝牛奶。

「聽音樂的乳牛，產出的牛奶特別香濃可口」，大家或許都聽過這類的傳說，只是多數人都是聽聽就算了；想不到這群德國人，真的把交響樂團搬進牛棚，在現場演奏悅耳動聽的古典樂給乳牛媽媽聽。

故事不只如此，這家音樂廳還把這群乳牛生產的牛奶，掛上 Dortmund Concert Milk 的招牌，並在玻璃瓶上用音符設計了簡潔的包裝，再拿到商店裡販賣；而且還用「聽了哪個音樂家的作品所生產下的牛奶」，區分出九種不同的「產品」，還在外包裝的背面說明中列出該音樂家以及音樂廳最新 一季的表演資訊。

就這樣，牛奶成了音樂廳的「新商品」，牛奶變裝後成了推廣活動訊息的媒體，你說妙不妙！

▲聽了古典樂產出的牛奶案例影片。

Low Tech High Touch 的刻字巧克力

　　某些東西天生就具有特殊的魅力，玫瑰、氣球、巧克力……都是。於是馬來西亞的吉百利巧克力（Cadbury Dairy Milk）推出了 Say It With Chocolate 活動，讓你將想說的話刻在巧克力上，替你將這份愛送給你羞於開口的家人、朋友或情人們。

　　吉百利巧克力在賣場處，設置了一臺舊式活版鉛字印刷機，讓每個購買自家巧克力的消費者，都可以寫下心中想說的話，再由工作人員以鉛字拼出來，並透過這臺機器直接刻在巧克力的背面。過程中完全不需要打開巧克力的外包裝，既衛生又富有「傳情」的效果。

　　如何？是不是很簡單，不過就是一臺被時代淘汰的活版鉛字印刷機，卻比直白的降價促銷有吸引力得多了。

◀ Say It With Chocolate 活動影片。

實體活動是為了虛擬網路而存在的

　　「體驗行銷對大部分品牌來說，只能是個跑龍套角色……」這不是我對此事持有的偏見，而是如果你以投資報酬率的角度看，常常會被空間、地點、時間、場次、天氣等等限制，所以把投入預算除以參與人數，比起其他的活動效益，數字往往很難交待。

　　那怎麼辦？這裡有三個訣竅：

　　1. 創造「可被分享」的條件：體驗行銷的優勢，是讓消費者感受到比廣告更深入的體驗，同時也更具說服力；但缺點就如上一段所提到的物理限制。還好，我們有「社群媒體」可以幫忙，搭計程車，司機穿襯衫打領帶，讓人想分享的動機，零。搭計程車，司機穿蝙蝠俠的衣服，想分享的動機，破錶。在數位時代，不管什麼活動，都必須時時把「是否可被分享」當作活動設計的 check list，而不單單考慮到實際參與者的感受。

2. 讓無法參與的人也能感同身受：讓體驗行銷的優點，透過影片跟網路，打破空間、地點與時間的限制。影片的重點不在酷或炫，更不在剪接效果或技巧，是在觀看的人可以「感同身受」，進而產生出「如果是我，也好想參與哦」的情緒。雖然說很多受歡迎的影片都是用手機拍的，解析度也不是高清，但可別天真的以為只要側錄現場、記錄一下活動就可以解決。「故事精不精彩、說明清不清楚、觀看的人會不會也想參與」才是真正的問題。

3. 在活動規劃的時候，就請把拍攝影片這件事納入其中：影片可以不必是專業的燈光攝影，但一定要說一個好故事，確實傳遞實體體驗想要傳遞的訊息，如此才有可能讓活動藉由影片，像臺擴大機一樣，用「觀看影片者的感受**按讚分享**社群媒體擴散」來打破實體體驗的先天缺陷。否則，只有親身體驗到的民眾才懂你的好，就太可惜了！

被四十三萬人飛踢過的旅行箱

想證明一個行李箱很堅固，腦中最先浮現的是 Samsonite 的廣告；一只行李箱從摩天大樓落下墜地，不僅沒有炸裂，還讓我們看見了行李箱的「Q 彈韌性」。德國品牌 RIMOWA 也曾推出一個有巨大鯊魚咬痕的限量箱，或是在廣告中，讓旅行箱從數百階的樓梯上翻滾下來，最後又完好無缺。但現在，當觀眾看見這樣的廣告，心中第一時間出現的可能不是「WOW！這個行李箱好堅固！」而是「這是真的嗎？是電腦動畫吧！」

當消費者已經難以相信品牌用盡手段演出的戲碼時，或許品牌可以開放一些空間，讓消費者一起參與、證明品牌特色。但你可能想到了，這不就是「實證廣告」嗎？

最近，Samsonite 行李箱副牌 American Tourister 基於實證精神，在泰國做了一個相當有趣的案例：The Kick-Bag Journey。品牌主最後也把整個活動跟實驗過程濃縮成一支影片，或許可以翻譯成「一個箱子不斷被踢的旅程」。在這個案例中，用到了真人實測、粉絲專頁、收集留言、網路影片。如果我們把每個環節拆開來看會覺得「沒什麼」，但組合起來之後卻十分有趣。

影片中，三位工作人員帶著一只桃紅色 VIVOLITE 行李箱上山下海，行經泰國七十個城市，隨機尋找路人來踢飛它。從泰國頭踢到泰國尾，簡直是線上線下，人人都來踢！一般路人不說，從影片中還可以看到一群小朋友發瘋似地狂踢行李箱，足球選手用盡全力朝行李箱踢出致命一擊；不只讓它從懸崖上跟瀑布上被踢下來，後來連泰國大象也

來參一腳。除了製作團隊環遊泰國找路人實測外，在活動期間，製作團隊也接受民眾在官方粉絲團上的點播任務。只要在粉絲專頁留下你的點子，製作團隊就會不斷選出有梗的 idea，並付諸行動來實踐它。

高手總是藏於民間！鄉民團結的力量大！由於結合了 UGC 的社群操作，讓這個實證廣告更有可看性，講到泰國你一定會想到大象，但能想到讓泰國象腳飛踢行李箱的，恐怕也只有鄉民了。（幸好網友沒要求請四面佛出來踢！）

實證廣告不是一個嶄新的廣告手法，但加入泰式幽默的飛踢包裝，以及 UGC 的群眾創意，共同參與踢不壞的體驗，讓這個品牌產生獨樹一格的能量，有一種在看行李箱參加實境秀闖關的感覺。讓消費者參與其中，使

得廣告影片不再只是影片。

　　雖然這段「被踢旅程」，最後是用影片呈現，但和傳統廣告影片不同的是**它建立在民眾的參與**上。影片式廣告並不會消失，但會轉換播放平臺，轉換表演形式；從電視到網路，消費者的習慣從被動觀看，變成主動搜尋，主動追蹤訂閱。在這轉變的過程中，消費者的「參與」才能讓影片產生更強大的力量。有很多受歡迎的電玩實況主跟 YouTuber 都會跟網友對話，回答網友的問題，也反問網友問題，或是從留言中去尋找下一個拍片的點子，也會研究每支影片的數據變化，聽取意見去調整缺點、強化優點，以前的部落客們就已經是這樣做了，這無疑也是品牌該做的事。

　　電視播放廣告的時候你會轉臺或是上廁所，手機跳出的蓋臺廣告你會找叉叉去關掉它，這二件事大家的反應應該都一樣吧？消費者渴望參與品牌的行銷活動嗎？答案肯定是 No！飛踢行李箱的事件卻將行銷活動轉換成一場社會實驗，把人潮聚集在自己可以掌控的平臺上，隨時想要看一下事件的最新發展，也吸引人們想要參與其中。

　　厲害的是，他不是靠獎金誘因來吸引民眾聚集，純粹是因為事件的「可看性」；而在整個參與過程當中，消費者也不會因為娛樂性而忽略掉品牌與產品，因為 VIVOLITE 行李箱始終是主角，實驗的目的也圍繞著它。

　　「就是那個讓四十三萬人踢過的行李箱嗎！我記得～。」

　　VIVOLITE 不是第一個強調自己堅固耐用的行李箱品牌，但只要任何一個人跟你提到行李箱耐用度的時候，你都會再次想起這支廣告，甚至是將這個飛踢的故事傳遞出去。

　　可能有些朋友會問：如果踢掉了一個輪子怎辦？（某知名德國品牌就因為容易掉輪子而被許多網友詬病）。如果我是品牌主，我會說：那就更真實啊！被踢四十萬次才掉了一個輪子，這樣還不算耐用嗎？

#

溝通概念簡單，切合時事議題，並與大眾息息相關，
消費者就容易感受到品牌釋出的善意，
並增加品牌的好感度。

——————————————————————————

如何面面俱到的與消費者溝通品牌價值

在臺灣，絕大部份的行銷活動都是為了推廣新產品或新服務而存在。當有新產品上市或是促銷旺季如重要節日、百貨公司週年慶時，才會提撥預算進行行銷活動，有些小品牌甚至一年僅有一至二波的大活動。

很多時候，我們會發現同一品牌推廣不同產品時，溝通的主軸竟然長得跟前一支商品不太一樣？！長此以往，我們變得越來越會賣產品，但不會做品牌。

我們之所以如此，是因為有些產品或服務天生就屬於「低關心度」，已經像空氣一樣讓人無感，平常就是用它，卻沒什麼動機想要多瞭解它、關心它，比如衛生紙、飲料或是沐浴乳等。這時候如果有個新品上市，用新功能、新包裝、新代言人……等等，反而容易找到話題跟消費者溝通。

但持續這種操作模式，會衍生兩大挑戰：

1. 沒有新品上市的空窗期，品牌要跟消費者溝通什麼？因此很多產品種類不夠多的品牌粉絲專頁，沒有活動的時候就晾在那兒，也不曉得貼文該寫些什麼。
2. 一直以產品帶品牌的方式，很容易就把重點放在產品訴求而不是品牌核心價值上。久而久之，消費者對產品認知清楚，對品牌卻只留下「知道，但不瞭解品牌內涵」的困境。

我關注荷蘭航空的行銷有一段時間了，不只是因為他的活動向來都很有創意，更因為他代表了數位時代經營品牌溝通的一種典範：

不靠大量的新品、新服務上市或提昇業績的促銷來創造新聞；而是細水長流、均衡的與各個層面「潛在、現有、忠誠」的不同消費者進行溝通。

邀朋友幫你客製一份實用的旅遊地圖

如果你近日有旅遊計劃，或是想要回味某次令你難忘的旅遊，都不要錯過這個「得到世界上獨一無二，專屬於你的精美地圖」的機會！

荷蘭航空架設了一個專屬網頁，好讓你製作一份「實體」的旅遊地圖。其步驟非常簡單，第一先選擇城市、接著加入旅遊這些景點時的必要資訊、最後做成地圖，如此就完成了。[3]

網站上有全世界數十個主要城市的地圖（可惜沒有臺北）。選定城市後，在地圖上標註你想要紀錄的景點資訊、意見或是必吃佳餚，你可以自己獨立完成，當然，更歡迎你邀請自己社群網路上熟門熟路的朋友、饕客們給你建議。當你完成這些步驟後，經過三週的地圖製作時間後，荷蘭航空就會把這份完全專屬於你的紙本旅遊地圖，免費寄到家給你，讚吧！

不曉得大家有沒有發現，在社群網路上，不論你是不是一個重度愛發表意見的人，總有幾類議題的PO文，在朋友間的參與度都非常高。旅遊心得的分享就是其中一項。這個活動有一個有趣的思考點：改成一模一樣的App，直接在手機操作，點幾下就立刻完成，以荷蘭航空的財力一點都不成問題。但他們卻選擇比較費工、服務比較少人的紙本地圖，Why？

因為相對於App，需要排版印刷製作的紙本地圖更得顯特殊，也更顯得專屬於你。這是荷蘭航空想要創造的自然口碑。反之，如果只是個虛擬地圖，

這項服務突然就變得每個人都很容易取得，其感受也平淡許多了，不是嗎？這就像當你所有的朋友都用Line、簡訊、email跟你溝通時，突然有一天，你收到許久未見的好友親筆寫的信，那種讓你想要用心來讀，好好保存的意念，是不是強了很多！

這已經不是荷蘭航空第一次提供這麼貼心的服務。同樣的概念，還有在之前就送過的免費行李吊牌—— KLM Luggage Tag[4]。

這個免費送行李吊牌的活動至少辦過兩次。雖然只是一個叫網友「上傳照片」的活動，但卻會大費周章的印出來再寄送給你，一面是照片，另一面是你自己客製化的個人資訊。行李吊牌做得非常精美，加上又是免費索取，你只要Google關鍵字KLM Luggage Tag，就會搜尋到一大堆網友收到禮物後，上傳到網路的照片或是部落格文章，我覺得這個活動連廣告預算都可以省下，光是靠Facebook傳播就可以擴散到天涯海角了。而2017年，他們又推出了可做景點導覽解說，同時又會發出安全提醒的有聲語音吊牌KLM Care Tag，沒多久就被索取一空。[5]

這幾個活動都有一個共同點：你不需要是他們的顧客，就可以享受這些免費服務。而且，切入點都集中在「豐富旅遊體驗或滿足消費者對此類服務的基本需求上」。[6]你或許會想，這些活動對業績沒有

立即的幫助，因為都不是新產品推廣或是促銷活動，可以立竿見影地反應到銷售上啊！難道是荷蘭航空錢太多嗎？

我們會陷入這樣的疑惑，通常是我們誤以為消費者做「購買決策」時都是比較偏重理性的。我不知道大家選擇航空公司時是怎麼做決策的？對於我來說，可能是航點、時間、價格、飛安的印象、餐點、服務等綜合因素。許多時候我選擇的，不是價格最划算的那一個，而是某個服務或彈性。

不論我有沒有搭過荷蘭航空的航班，但至少在接觸這些行銷案，被系統化的「催眠、洗腦」後，我已願意把荷蘭航空當成候選名單之一；而相對某些航空公司，即使也是個品牌（應該沒有航空公司是雜牌的吧？誰敢搭！）不管他有多便宜都不會被放入口袋名單。

數位世代的行銷應該有個大前提，是讓消費者相信「這個品牌比較適合我」。大家買產品時早就不是為了最原始的「食衣住行」需求，而是因為品牌帶給我的美好想像跟附加價值上。例如穿 Nike 不是為了跑起來特別輕鬆，而是「為了理想勇往直前的 fu」；喝海尼根不是因為特別甘甜可口，而是一種聰明的擇善固執。

產品規格很容易被模仿；但，品牌印象，不能。

這就是為什麼荷蘭航空要花這麼多力氣，用脈絡一貫的方式跟消費者溝通自身的品牌價值，而不只是溝通產品力的原因了。但希望大家也別誤會，如果產品或服務本質不夠好，行銷並不能扭轉一切。前面幾個案例都是荷蘭航空不透過產品去跟「潛在消費者」提昇品牌好感度的方法，接下來要談的是怎麼用推廣產品跟提昇服務，去跟「現有的顧客」對話。

意外驚喜讓顧客感動

出國旅行時，會在機場用手機打卡發文昭告天下的請舉手！我相信就算自己不會這樣做，也一定看過朋友發過類似的「炫耀文」。不管是快樂的全家出遊或是苦命的出差，無一不在 Facebook 上昭告天下。特別是一個人出國遠行、在候機室打發無聊時光時，更是不得閒地連上網，巴不得所有親朋好友都知道自己的行蹤，然後哈拉幾句。

荷蘭航空這次指派了一組人，幫助他的顧客「把無聊轉化為快樂」。在幾個安排好的機場候機廳裡，只要

網友的發文內容寫到類似：「我將搭乘荷蘭航空前往某某地區」被系統偵測到了以後，社群人員就會搜尋這位旅客的公開資料，找出他可能會喜歡的東西（還需具備不貴重、好攜帶等特性），可能是一只運動手錶、iTunes Store 電影兌換卷、或是幫獨自旅行的年長者升等機艙，然後趕在網友登機前，將禮物送到他的手中。[7]

據報導指出荷蘭航空的這項活動[8]，僅服務了少少的四十位顧客，但因為影片在社群媒體的傳播，接觸了超過百萬次以上的潛在消費者。

這一類由品牌主導、設定遊戲規則、情境，由不知情路人「演出」的影片，在這幾年國外的數位行銷非常熱門。「品牌」之所以大張旗鼓願意為了服務少數人而勞師動眾，背後的想法其實是：「這整個實體活動，都是為了虛擬網路而存在的一場秀！」

這些精心的安排，目的已經不只是為了實體活動中的現場參與者，而是為了演出一場好看的表演，給在網路上觀看的我們。如果跟荷蘭航空拍攝的精美廣告比起來，接觸一次這樣的實境秀影片，哪種比較能夠進入你的心裡？

荷蘭航空很聰明的**利用現有顧客**，提供一個令他們超乎預期的服務來創造好口碑。因為在社群媒體上會主動想要發言昭告天下自己旅遊動態的人，通常都比較活躍。這些出其不意的驚喜，對任何人來說都是難得的經驗，其所散播的口碑一定是正向到破錶，不是嗎！

經過這些年一連串、與各個層面的行銷活動，荷蘭航空算是利用社群媒體、數位行銷來推廣品牌的先驅者之一；他讓人相信：「荷蘭航空致力於啟發你對美好旅程的想像，而不只是『運送』你到目的地的工具而已」。

礙於本書篇幅，我還拿掉了幾個荷蘭航空的案例，像是由聖誕老公公跟空姐一起服務的商務艙，利用 Facebook 查詢你旁邊將會坐誰[9,10]，或是透過問與答幫你規劃旅遊行程的應用程式[11]，幫你製作主題影片還可以加上字幕特效的影片剪輯 App……。

荷蘭航空這幾年的社群案例真的嘗試過很多新東西，更讓行銷人目不暇給。密集連續的研究，好像在逼自己做功課一樣，而相對的，荷蘭航空或許也是用這種態度在逼自己經營好品牌。

# #

化被動為主動，讓消費者參與，
讓行動最大化！

————————————

有意義的行銷，讓消費者喜歡你

像荷蘭航空這樣，不斷推出新型態的行銷活動讓消費者記得你、喜歡你，是品牌因應數位世代的一種行銷典型。而另一種經常被使用的手法是「有意義的行銷」。

有意義的行銷的兩個特徵：

1. **由消費者選擇**是否參與，而不是被打擾；
2. 能夠豐富消費者的生活，必須**創造加值**而不是強迫推銷。

在進一步解釋之前，我們先來看一個案例。認真說起來這不是一個行銷活動，但我覺得可以提供給品牌做為規劃「有意義行銷」的參考。

紐約地鐵實驗

不知你是否曾注意過，每當捷運或火車在準備離站或抵達前，駕駛員會舉起手對著空氣比劃一些動作？這可不是駕駛閒著無聊自我排解的一種娛樂，而是為了保障乘客安全而設計的，例如用手比方向，確認左邊沒人、右邊沒人、軌道淨空、電燈正常……等等，這個行為還有個專有名詞叫「指差確認」：

以眼望物件、手指著物件、同時口誦確認、心手併用、集中精神，以達到減少人為失誤導致意外的效果。[12]

蘿絲‧薩克特（Rose Sacktor）[13]、尤瑟夫‧勒納（Yosef Lerner）[14]這兩個畢業於 Miami Ad School 的廣告人，觀察到「指差確認」對駕駛跟工作人員來說是個枯燥無趣，一天不知得要重複多少次的慣性動作，而且對受到這動作保護的乘客來說，它其實是個毫不起眼的行為；因此想來執行一個計劃，娛樂這群工作時很「無聊」的駕駛員們，以表達對他們日復一日不間斷比手勢來保障乘客安全的辛勞。

他們在月臺上，也就是執行指差確認的定點，確保駕駛員一定會看到他們；每當列車到站停靠時，他們就舉起手上大大的海報，上面寫著：

「如果你性感斃了，請指這裡。」

「如果你曾看過乘客裸體，請指這裡。」

「如果你沒穿內褲，請指這裡。」

不管海報上寫什麼，也不管這些駕駛員是不是真的沒穿內褲，他們都「被迫」必須「指這裡」！如果你是駕駛員，在遇到這個突如其來的行為，我想你不會有被冒犯的感覺，反而因此娛樂了你枯燥的一天，讓你忍不住微笑，心花開了起來。這就是我想說的——讓行銷有意義。

以？消除疲勞的能量飲料可不可以？你應該可以聯想到更多的品牌，只要修改一下海報上的字眼以符合品牌調性，就成了一個有意義的品牌行銷事件。

但這樣的案例之所以有意義，是來自於品牌表達出了「你關心消費者，注意到別的品牌沒注意到的細節，且願意花心思讓消費者開心」，而不是一昧只想到消費者口袋裡的錢。如果你是消費者，看到一個「穿了這個鞋，跑起來就健步如飛」的廣告，或是類似上述實驗計畫的品牌影片，哪一個會讓你想要分享？這就是問題的答案了。

不吐錢，卻吐出「比錢更多」的提款機

2010 年可口可樂曾推出一部販賣機 Happy Machine，外表跟一般的飲料販賣機沒有不同，但投幣之後，機器除了掉下自己購買的可樂之外，竟然有隻手拿出一個裝滿冰塊的杯子，或是明明只有買一罐，卻接連掉出好幾罐給你。這個案例是在一所學校裡頭執行，被「意外贈與」的學生們，看起來都開心極了，有些人拿到 Pizza，有些人拿到一個汽球玩偶，最後竟然還從販賣口跑出一個需要八個人才能搬動的超級大漢堡。

讓消費者的生活更美好

對消費者有意義的行銷，應該是一種「讓生活更美好」的獲得，可以大到讓你覺得人生得到啟發，或者讓你更有自信、解決自身困擾，當然，也可以小到只是讓你發自內心的會心一笑，得到一個美好情緒或正能量。

想像一下，如果上述的「指差確認」計畫不是由兩個熱心朋友所執行的，而是由一個品牌推出的廣告，有哪些品牌可以用？關心你足部問題的鞋子品牌可不可以？關心你求職狀況的人力銀行可不可

◀可口可樂 Happy Machine 活動。

加拿大信託銀行 TD Trust[15] 或許是從 Happy Machine 案例得到啟發，也在 2014 年推出了一部會說話的提款機「自動感謝機」（Automated Thanking Machine），負責創造驚喜給消費者。這機器的外表就跟一般提款機長得一模一樣，只有在你親自上門並插入卡片，預備操作它的時候，才會發現這臺機器不但會跟你說「嗨！」還會跟你互動，甚至正確說出你的名字，知道你最近發生的（不管是喜事或是難過的事），你也會因此得到相對應的禮物。

有的人得到額外的錢，有的人得到「無法從吐鈔機裡送出來的禮物」，像是一束花、飛往另一座城市好探望親人的機票、也可能是一套球衣等等。如果你是那個幸運兒，是不是會開心地笑到合不攏嘴！

讀到這兒的你，是否跟我一樣好奇，為什麼這臺機器會知道顧客的名字，而且還瞭解他們的喜好、最近經歷了什麼事？

故事的真相是這樣的：TD Trust 銀行在活動前就徵召了分行員工們，挑選出他們覺得值得接受這特別驚喜的顧客；然後跟這些顧客說「邀請你們參與

新 ATM 服務的測試」，但行員們並沒有告訴顧客將會得到特別的禮物。

既然是特別挑過的，銀行必然會選擇那些比較有故事性的顧客；而這些故事，都是顧客與行員平常互動中所得知的訊息。也因此，銀行就能提前知道這些顧客們曾發生了什麼事，且送出什麼樣對的禮物了。

在這波 TD Thanks You 活動中，有一名喜愛棒球運動多倫多藍鳥隊的粉絲。他除了得到藍鳥隊的球衣、球帽之外，更特別的是，TD Trust 銀行找來曾是大聯盟全壘打王，現任藍鳥隊右外野手的荷西‧包提斯塔（Jose Bautista），來親自邀請這位幸運兒，成為「有錢都不一定可以實現」的球賽開球嘉賓。

最感人的個案則是一位母親，她的獨生女在外地剛經歷了一場治療癌症的手術，TD Trust 銀行很貼心地送上來回機票，讓她能夠去探望住院的女兒。

◀TD Trust 銀行 TD thanks You 活動。

創造不預期的驚喜，幫你的活動加分

出奇不意給人們意外驚喜，往往都能搏得消費者

好感,瞬間讓消費者們開心指數昇高,而且幾乎屢試不爽。TD Trust 案例在網路上能被廣泛傳閱,是因為我們「看不到演員」,覺得這家銀行真的幫助了影片中的角色。而人們在乎的也不是「這禮物值多少錢」或「實不實用」;他們在乎的是「有沒有驚喜」以及「是否在預料之外」。

至於那些不在影片內的顧客,TD Trust 銀行也宣布,只要在 2014 年 7 月 25 日當天下午 2 點,不論是使用自家臨櫃或是網路銀行的人,每一位都會意外獲得到二十美元的支票。害我好想大喊一聲:有錢的品牌真是霸氣!

請試想一下,情境一:你知道今天去百貨公司通通打對折;跟情境二:你挑了衣服,結帳時店員突然跟你說:「恭喜你,你是我們第一萬名客戶,今天消費通通對折。」雖然結果都一樣,但哪一種會讓你開心?哪一種會讓你想要跟家人朋友分享?

把握住這個要點之後,下次如果要規劃活動,不妨試著想想「怎麼樣創造消費者不預期的驚喜感」,不需要特別增加贈品的等級與數量,更不用提高行銷預算;只是一個讓消費者心情好一點的改變,保證讓你的活動成效瞬間翻倍!

有意義的行銷,也可以走務實路線

其實,本書是否要放入 TD Trust 銀行案例,對我來說有點掙扎,癥結點在於它畢竟是個形象宣傳影片,不管劇情多真、不管替影片中人帶來多少驚喜,「幫助這些人」絕對是為了「宣傳品牌形象」而設計出來的一場秀,這是品牌企圖讓消費者看到的。然而實際上並不一定代表著這個品牌願意幫助每一個顧客。畢竟我們並不會因為把錢存在這家銀行,就獲得比別家銀行多點利息;而信貸的放款與否,終究還是得評估還款能力跟抵押品。

但不論是舉牌站在月臺上娛樂地鐵駕駛、或是提款機不吐錢卻吐出更多令人開心的美好事物,這些案例的核心都在於努力創造有價值的、可被分享的美好事件。不一定要真的具備遠大理想,不用犧牲自我去拯救世界,只要很務實的與日常行銷結合,並跟競爭對手做出一些區隔就行,例如:把生硬的產品資訊(貸款、保險、產品優缺點、選舉政見)做成資訊圖表或懶人包,讓人們更願意閱讀;或把促銷降價增加一點玩心使其變得更有趣,在母親節這天把沒人想拿的折價券,換成一朵朵用 COUPON 摺出的康乃馨……。以上這些做法上的差別,只在於多花一點心思去思考「怎麼樣創造加值」,便能讓原本的行銷活動變得不一樣、對消費者更有意義。

許叔叔題外話：

不曉得你對銀行的感覺怎樣？是像公家機關那樣的冷冷的「照規矩辦事情」？還是待人親切「有服務熱誠」？我自己是累積了許多負面經驗，例如：銀行財大氣粗的形象、櫃臺行員的服務冷冰冰、客服電話總是很難打、電話行銷很騷擾人、發薪日的銀行總是大排長龍、提款機介面設計不良、網銀不僅限用 IE 還容易造成當機……等等原因，讓我對往來銀行的印象一直不算太好。但當我們的存款或往來金額到達一定數目時，銀行人員又會登門拜訪讓你有種 VIP 的感覺，實際上其實為了招攬業務。

正因為這般兩極化的差別待遇，每當我看到銀行廣告的演出內容過於正面，例如：樂於幫助貧窮人，禮遇想創業的年輕人，這種帶有一點激勵或正能量的故事，都會讓我稍微有些反感。

Hellmann's 就地取材，幫你變成美味佳餚的收據食譜

隸屬於聯合利華旗下的品牌 Hellmann's（臺灣用「康寶」為品牌名）[16]，主要以生產沙拉醬聞名。在巴西，Hellmann's 與當地連鎖超市 St. Marche 合作，結合 POS 系統以及龐大資料庫的比對機制，就這樣，在消費者毫無察覺的情況下，以大數據「偷偷的」在背後運作。

每次在結帳時，當店員掃描購物商品的條碼中，只要發現有 Hellmann's 的沙拉醬，系統就會自動辨識此次購物品項還有哪些，然後，將那些可供運用的東西加上 Hellmann's 沙拉醬，就地取材組合成現成的食譜。例如這次消費者，你購買了蝦子跟味噌，系統就變出一道「酥炸味噌蝦捲佐 Hellmann's 沙拉」食譜，直接印在收據上給消費者！

Hellmann's 是不是很貼心？他不是送你一本印刷精美，卻常常缺少材料而無法完成，老是只能看爽的食譜；而是「就地」取材，讓你憑藉著這一次購物，給你一回家就能變成美味佳餚的「收據食譜」。

後來他們又推出一個加強版，直接「進攻」你家冰箱！？很多人的經驗都是：打開冰箱，面對裡頭的一堆食材，卻不知道該煮什麼菜。這回 Hellmann's 是從「你的購物車」，進階到「你家的冰箱」。目

的同樣是幫你解決吃的困擾。

消費者只要用 Twitter 發送自家冰箱裡有哪些可用的食材，例如輸入：青椒、紅蘿蔔、大頭菜、大蒜、白飯，附上 #PrepareForMe 的關鍵字後送出。不需要下載 App，也不用到某個網站，更不用打電話給你的阿嬤求救，Hellmann's 就會用 Twitter 回傳一則「三色蔬菜炒飯」的食譜貼文給你，而且這次連 Hellmann's 沙拉醬的關鍵食材都不需具備，你輸入任何食材都行，是不是感動到想哭的佛心來著！

這幕後功臣是一個同屬聯合利華集團的食譜網站—— Recepedia[17]。它根據網友鍵入的食材即時比對，立即產出一個個客製化的食譜來。下次清冰箱的時候，你會不會也想要用用看？

高明的科技，就在它默默的改變而消費者卻沒發現。

Hellmann's 的這兩個應用服務，除了「找出消費者的困擾，然後滿足他」的觀念讓人感到出色之外，它還必須加上科技、適合程式以及運算能力的配合，讓這一切才可以成真，也才能有好的體驗，而不只是一個耍花槍而不實在的噱頭。

# #

找出消費者的困擾，然後滿足他，
或是創造一個不可預期的驚喜感。

怎麼樣讓促銷變得有意義？

價格一樣，但產品只有一半的 Share Project

你一定買過促銷時只要半價的產品。但如果這個模式變成「價格維持不變，但產品只給你一半」的促銷活動時，你會有什麼反應。廠商是瘋了？傻了？還是你會忍不住多看產品兩眼？

在巴西的兩家連鎖超市系統，就推出了這樣的另類半價產品；有對半切的蔬菜、水果、麵包、披薩……。而這樣的活動不但沒有引起顧客抱怨，反而大受歡迎！因為……這是一個為孩童募款所舉辦的慈善活動。

Casa do Zezinho 是一個公益團體 [18]，專門照顧、教育低收入戶，從六歲的孩童到二十一歲的青年都有。為了增加募款的收入，Casa do Zezinho 想到了「共享」的點子—— Half for Happiness。他們把食物對半切，放進原本裝完整一份食物的盤子裡，並在盤子上印上說明文字，讓你清楚知道花全額購買的產品說明，雖然你只得到了一半的食物，但另外 50% 的金額將可以幫助更多的孩童，使消費者在購買的同時，也達到捐款的目的。

一般人都知道做公益是件好事，但許多時候在面對路邊勸募的人或是捐款箱，我們時常是無感走過，倒不是自己捐不起、也不是沒有愛心；而是在那一秒路過的瞬間，這些「募款行為」引發不起你做出捐錢的舉動。

Half For Happiness 的設計很有趣，因為你只需要跟平常花一樣的錢，買一個一次可能吃不完的食物（當我

們買了一整份後，有時是吃不完的），而不是要你「額外」捐出，同時用另一半的空盤子讓你的愛心被清楚地「看見」。這樣的情緒，很微妙。

GAP 找了八隻馴鹿來決定折扣內容

從沒聽過這麼有趣的促銷模式，GAP 找了八隻馴鹿，讓牠們來決定當天消費者可以享有什麼樣的折扣！你沒看錯，就是由這群馴鹿決定的。而且這八隻各有名字的馴鹿，在當時還有專屬的 Twitter 帳號跟 Facebook 粉絲專頁勒！[19]

此活動在聖誕節前夕展開，一共持續六天（12/15～12/20），這八隻馴鹿都被裝上了 GPS 衛星定位項圈，要來進行一場「看哪隻馴鹿走得最遠、走得最快、最接近北極、或是走得最慢……」比賽。

每天一個目標，每隻馴鹿都代表了不同的折扣，你只要到店說出當天獲勝馴鹿的名字，就可以享有特定的折扣。例：如果 Emma 贏了，所有商品都打六折；Zoe 贏了，女性商品打六折；Cooper，則是全部買一送一；Chloe 獲勝，所有配件都只要五美元……。

透過活動網站可以看到即時影像，以及在地圖上顯示每隻馴鹿現在的所在位置，還很貼心的幫每隻馴鹿製作了小檔案、獲勝紀錄、網友加油打氣的

Twitter 內容等；這些影片也在 GAP 的 YouTube 頻道通通彙集在一起，讓這八隻馴鹿就像真人偶像一樣被看待。

我們在寫促銷活動企劃案時，最怕算不出活動效益、估不出折扣費用，因為這樣的企劃書送上去，一定會被打槍退件說「企劃書？我看你寫的是故事書吧！？」而 GAP 怎敢放膽把活動折扣交給一群不知道會不會迷路的馴鹿來決定？

說穿了，這一切都在 GAP 的掌控中，一天一個折扣，只要通通估進去就行了。看似由馴鹿決定，其實還是 GAP 說了算，只是 GAP 很聰明地掌握了社群媒體特性，讓消費者與品牌的接觸不是在購買商品之後便停止，而是繼續延續。但要怎麼延續？

「分享一個好消息，今天到 GAP 門市說出通關密語 Zoe，可享六折喔！」

「今天由於是馴鹿 Zoe 贏了比賽，在 GAP 結帳時說出 Zoe 的名字就可享六折喔！」

想同樣都打六折的促銷，哪個訊息會讓你願意在自己的 Facebook 上分享？或是哪個訊息會讓你想要主動瞭解更多？而且這個活動很可能讓你在那幾天不斷關注著。如果沒有一個讓品牌與消費者關係繼續發展的關鍵因素，那麼消費者與品牌的互動，自然會在買完東西後就結束了。

Red Bull 的免費派樣，卻讓人忍不住想分享

紅牛飲料在大家很流行用「Facebook 應用程式」來操作行銷活動的那個年代，推出過一個很棒的真人實境尋寶遊戲——RedBull Stash。我覺得如果放到現代（其實也沒過幾年啊）用抓寶可夢那樣的概念跟技術來做，肯定會更加好玩。

Redbull 在全美各地藏了一箱又一箱的飲料，並且公布在 Google Map 上，提示線索等你來挖寶。只要按圖索驥找到它，這一整箱的 RedBull 就是你。拜現代科技之賜，你不需要是印地安那瓊斯（法櫃奇兵）、奈森‧德瑞克（秘境探險）或蘿拉‧卡芙特（古墓奇兵），也可以感受到神秘、未知、冒險的體驗。

這類真人尋寶遊戲有個專有名詞——Geocaching[20]。意思等同地圖 + GPS + 寶藏。世界各地都有同好，臺灣曾經出現過一個專屬網站，藏寶的地點通常都用經緯度來呈現，而在寶藏點則會進行偽裝。

RedBull 把這個遊戲的精神，略作修改後搬到 Facebook 上。只要輸入你所在地區的郵遞區號，地圖上就會顯示在你附近還有哪些待尋的寶藏，並給你一個有地址、有說明的內容，例如：這寶藏在一個大廳玻璃雕像的下方，然後給你一些提示。當你找到這個免費的寶物後，依規定你必須上網告訴大下「什麼時間、是誰、怎麼找到的」的訊息，才不會讓下一個人白跑一趟。

「什麼時候你在路邊試吃後，回家會興奮地貼上網？」不用代價跟努力的，不會；新奇、好玩，經過努力獲得的，會。你說，人有時候是不是很賤！

RebBull 要送樣品給你試喝，幹嘛這麼大費周章、故作神秘？消費者原本被動且看心情才決定要不要給你一個試吃機會，為什麼現在心甘情願、前仆後繼地找你家產品？

這一切都因為活動經過設計。

「上傳照片、告訴你在 Facebook 上的親朋好友，或是上 Twitter、部落格發布消息……」，這些動作不用 RedBull 規定，我也會乖乖的這麼做。紅牛為此賺到了無遠弗屆的宣傳效果；消費者獲得一個值得分享、難得的體驗，雙贏。

有意義行銷的更高境界：
幫助你的消費者、家人、社區、甚至整個地球，變得更美好

這是嬌生嬰兒（Johnson's Baby；中國稱「強生」）推出的「背奶媽媽」活動。

「背奶媽媽」[21] 是中國特有名詞，意指生育後因工作不能在家做全職媽媽，得利用工作空檔儲存母乳，再帶回家供寶寶第二天食用的職業婦女。因為一般企業並沒有專為背奶媽媽準備哺乳室，使這些媽媽們能夠有尊嚴、不被打擾、舒適的儲奶，以至於她們需要在無人的會議室角落、廁所、儲藏室等雜亂空間，而且隨時會有被不長眼的同事闖入的不安中進行儲乳。你說，在這樣惡劣的環境下，為下一代所「準備好明天的力氣」的品質怎麼會好呢！

所以，嬌生發起了背奶媽媽：「呼籲」、「申領」、「分享」三部曲；透過完整的實體與虛擬串聯，要來協助這群媽媽們改善儲乳時的困境。

第一步：在企業大樓電梯間的電視與網路上播出宣導影片，訴說背奶媽媽所面臨的困境，以及可以立即改善的有效方法；

第二步：在強生官方微博「強生嬰兒新媽幫」上開放申請免費的「臨時哺乳室」告示牌，可將它貼在妳需要儲奶的空間的門上。如此一來，媽媽就

可以安心的使用空間；

第三步：鼓勵網友們分享「哪裡有哺乳室」資訊到網站的地圖上，當媽媽們外出時，就可以透過手機找到臨近的哺乳室了。

> **消費者有沒有因為你的品牌存在**
> **而讓自身生活變得更美好，**
> **就算不透過使用你的產品**
> **也感受得到。**

「以消費者為本」是所有行銷的最高指導原則，只是大部份的時候我們只在意消費者這次願意從口袋掏出多少錢。背奶媽媽的例子帶我們回到了「以顧客為中心」這件事情上；不是直接從賣產品出發，而是重新連結產品與潛消費者所在意的點。

嬌生嬰兒賣的是跟「嬰兒身體」有關產品，像是沐浴乳、潤膚、爽身等。在背奶媽媽的活動中，這些東西都不是主角。但對於嬌生嬰兒的消費者，也就是這些媽媽們，嬌生卻幫她們解決了一大困擾，即便當她們在儲乳時，使用的不是嬌生的產品，也能感受到嬌生想要致力於成為「媽媽的好夥伴」的信念。如果妳是這些受惠的媽媽們，當下次妳需要

購買與嬰兒身體有關的清潔用品時，妳立即會想到哪個品牌？

當然，如果你的產品能夠直接滿足消費者所在意的點，那就再好也不過了！但如果不容易從產品**延伸出**對消費者有意義的事，不妨學學嬌生，跳出產品的框架，從「產品的使用者」身上找到更有意義的行銷方式！

IKEA 新店開幕，不找大咖名人站臺，卻找當地居民幫忙！？

對許多實體通路而言「新店開幕、搬遷」，不過就是另一個舉辦新店促銷、提供會員獨享等活動的好時機，可是對 IKEA 而言，他卻聰明到不但創造了業績，還做到了「讓忠誠客戶幫你宣傳」的目的。究竟 IKEA 是怎麼辦到的？！

遠在挪威第二大城 Bergen 市裡，有一家已經營運了二十八年的 IKEA 老門市，在 2012 年終於要搬遷到一個佔地超過一萬一千坪、更現代化的新家，而且距離舊址就只有三百公尺遠。

每個人都需要別人幫忙搬家，IKEA 也是。

對於一個比臺北市大安區人數還少，大約只有二十六萬居民，其面積有一·七個臺北市大的城市，IKEA 並沒有因此少了宣傳，除了在報紙、雜誌、戶外看板、社群媒體以及官網上廣為告知之外，其宣傳重點不是放在新店開幕促銷大降價上，而是「IKEA 需要你的幫忙，幫我們搬家！」IKEA 想要募集熱心的市民，義務協助 IKEA 做這些事：幫我們種下第一顆樹、保管兒童遊戲間的彩球、擔任演講人、與市長一起剪綵、裝扮成小丑……。

這些任務通通被放在官網上後（可惜這個網頁已經不存在了），不但一下就被 Bergen 市民認領完畢，甚至市民們還開創了一些不在清單內的任務，而且自告奮勇地要來完成。例如：有人願意表演跳舞、跳傘、演奏樂器、甚至挪威 Hip Pop 歌手 Lars Vaular[22] 也自願要來現場演唱等等。

> 創造消費者的參與感，
> 就是打造一件消費者做得到，
> 而且他們也認為有意義的事。

IKEA 很巧妙地設計了一個讓消費者可以參與，同時也傳達了新店開幕訊息的活動。這些會主動參與的人們，當然不會是從來沒有在 IKEA 消費過的顧客，而是那些對 IKEA 這個品牌認同的人，他們都是這個品牌的愛用者，甚至願意擔任擴聲筒的角色。

（我找過許多資料，都找不到參與這個活動的人，能否獲得額外獎勵或折價券這樣的實質回饋。）

試想一下，當你舉辦一個用大咖藝人當成號召力的開幕記者會，但沒想到記者們卻把焦點放在他最近的緋聞對象上；或是像這個案例一樣讓消費者覺得自己有價值，不僅貢獻自身的力量，還可能號召親朋好友一同參加。這兩者間哪個做法對品牌比較有益？

IKEA用一場搬家活動的任務，創造了一個讓這群人生命中有記憶點、增加生活價值，而且是一個他們做得到、願意做、有意義的事。

對消費者有意義的行銷，不需要是做了會「光宗耀祖」的大事，而是一點點小小的認同，讓消費者覺得被關心、被肯定，覺得在這個世上他們正被別人**需要著**的那種心情！而這正是「有意義的行銷」的精髓所在。

沒有人會忘記那些曾經改變我們人生的品牌！

你對計程車司機的印象是什麼？沒禮貌、沒水準、還是沒讀什麼書？

雪佛蘭汽車知道大眾對計程車司機的印象不佳，至少不會認為這些人是社會的中堅份子。在哥倫比亞首都波哥大有十萬個人以駕駛計程車維生，普遍來說這群人教育程度偏低，對未來沒什麼規劃，也從來沒有人教他們「怎麼當個稱職的計程車司機」。因此雪佛蘭汽車發起宏願，要來改變這一切，決定免費幫這群運將們開辦一所「計程車大學」！

這個大學沒有限制報名者得開雪佛蘭才可以加入，他們歡迎駕駛著任何汽車品牌的運將來參與這個「課程」。雪佛蘭規劃了約一百三十個小時的課程，其中包括電腦、外語、商務、管理等等，每週五小時，一共六個月的時間，課程可以配合司機的時間來彈性上課。除此之外，在課外還有每週三十分鐘，透過電臺放送補充課程，方便司機們邊開車邊聽。學業結束後，就可以取得「乘客服務管理技術員」（Technicians in the Administration of Individual Passenger Services）證書。[23]

雖然這不是個正式的學位，雪佛蘭還是很用心的比照大學規格，幫這群學有所成的司機們穿上學士服，舉辦公開的畢業典禮。這樣一個看來對產品銷售沒有直接幫助的行銷行為，表面上，花大錢又無法立竿見影，但對品牌好感度的建立卻是深遠的。

在許多時候，消費者與品牌的關係不是依附在「使用」產品所帶來的利益；而是這個品牌對我有什麼價值。經過努力所建立的這層關係中，可不是其他品牌降價促銷或是馬力更大，就可以輕易轉移的啊！

本篇接近完成時，恰好看到運動品牌愛迪達首席執行長卡斯伯・羅思德（Kasper Rorsted）公佈2016 第四季財報。當他談到線上銷售和數位行銷時，說道：「年輕一代的消費者主要透過行動裝置參與愛迪達品牌。因此，數位互動會是愛迪達最關鍵的行銷手段，你們以後將看不到任何愛迪達的電視廣告。」[24] 在未來幾年中，將會轉移到數位戰略上，將數位化這件事融入品牌價值中的每一個環節。

如何洞察消費者的核心需求

　　數位行銷產業的變化很快，每隔幾年就會面臨一波轉型，如果不改變就會被迎頭趕上，甚至被淘汰出局。因此很多人會設法讓自己在「掌握資訊」跟「求知欲」這兩個方面，保持在最新狀態。這本書裡頭我們分享了將近一百個案例，有新的也有舊的，但我們重視的反而不是案例的表現，而是**他們背後的思考**。

　　我自己也是花了好幾年時間才弄清楚的。問題的核心並不在於「怎麼想創意」或「怎麼寫文案」或「該採用什麼技術或平台」，雖然這幾件事可能是我們賴以維生的技能，但能讓我們更上一層樓的卻是**看一件事情的觀點能包含多少角度，也就是思考面相的擴大與轉換**。就像我們在本書中用不同方式提了許多次的——消費者洞察（Consumer Insight）。

　　有些品牌可以在數位世代獲得消費者的青睞，而有些卻開始失去關注，也有些品牌只做了一件事就獲得成功。他們到底是怎麼想的？他們用哪些角度去接觸消費者？有哪些新嘗試？有那些動作失敗了？有哪些已經過時了？有哪些至今仍歷久不衰？背後有哪些心理學⋯⋯等等。

　　消費者洞察幾乎可以說是我們處理廣告業務的核心技術，但這項技術需要很多年的經驗跟學習。一個好的洞察，不只是消費者使用產品上的問題，而是更進一步從使用產品或光顧一家店最原始的目的來發掘，找到他們有什麼期待跟困擾。品牌該說的並不只限於商品優勢，而是我們實現了消費者心中的某一塊，幫助他們完整了人生或生活中的某一塊，才有可能成為他們心目中的首選。

　　我相信行銷並不只是「不斷做出酷炫的案例」或「想幾個 idea 設法賣掉更多的東西」或「辦幾個活動撈一些粉絲」，而是「在劇烈的產業競爭之下，如何讓消費者更願意接近我的品牌」。如果我們擁有明確的品牌核心，在此架構之下怎麼說都會是對的。

　　我所從事的數位行銷工作，表面上是幫品牌寫寫貼文、做做網站、辦辦活動、拍拍影片這類的工作，但實際上的行銷工作，是從各方面去創造獨特的品牌體驗，設法讓消費者感受、喜愛、並散播出去。寫貼文是這樣的邏輯，做網站、寫開箱文、辦網路活動、拍影片、開直播也都是這樣的邏輯。

　　創造一個成功又賺錢的品牌，需要三年五年或更久的時間，不僅僅是包裝，不僅僅是話題性或流行性，我們可以在日常生活中訓練自己，養成一種職業病，每當發現一個受歡迎的品牌，就立刻把能搜

尋到的資料通通看過一遍，或是動身前往現場，實地體驗並找出他們的消費者洞察是什麼。

我在演講或課堂上常推薦一個影片：偉大的領袖如何鼓動行為。這是 TED 最多觀看數的前十名，《先問，為什麼？》（*Start with Why*）一書的作者賽門‧西奈克（Simon Sinek）提出黃金圈的概念，從 Why 到 How，然後是 What，沒想到竟跟我們做廣告的邏輯相符，透過尋找 Why 的過程，能幫助我們重新思考品牌與溝通這兩件事，在此也推薦給你。

◀賽門‧西奈克：偉大的領袖如何鼓動行為。

注釋來源

1. Football Religon 活動說明影片：https://www.youtube.com/watch?v=ArM7b5nRcKM。

2. The Teletransporter 使用說明影片：https://www.youtube.com/watch?v=8SrGRyI4lXM。

3. "MUST SEE MAP KLM Royal Dutch Airlines: A city map with must see tips from friends gathered through social media." https://codedazur.com/work/klm-must-see-map, *CODE D'AZUR* .

4. KLM Luggage Tag, https://caretag.klm.com/. Keith-Si-Log, "Rave: Free KLM Luggage Tags," https://keithsilog.wordpress.com/category/uncategorized/, *WordPress*, September 5, 2010.

5. 荷蘭航空 Tile Yourself 活動說明影片：https://youtu.be/6KxyHMKs_tk。

6. 荷蘭航空 Passport App 活動說明影片：https://youtu.be/RJd5cpvRBf8。

7. 荷蘭航空 Surprise 活動說明影片：https://youtu.be/pqHWAE8GDEk。

8. Amy Peveto, "KLM SURPRISE: HOW A LITTLE RESEARCH EARNED 1,000,000 IMPRESSIONS ON TWITTER," https://www.digett.com/insights/klm-surprise-how-little-research-earned-1000000-impressions-twitter, *Digett*, January 11, 2011.

9. 荷蘭航空 Meet and Seat 活動網站：https://www.klm.com/travel/gb_en/prepare_for_travel/on_board/Your_seat_on_board/meet_and_seat.htm。

10. 荷蘭航空 Meet & Seat 活動說明影片：https://youtu.be/eL2lWn7oup4。

11. 荷蘭航空 Trip Planner 活動說明影片：https://youtu.be/hYbeW2x-jzQ。

12. 指差確認維基介紹：https://zh.wikipedia.org/wiki/%E6%8C%87%E5%B7%AE%E7%A2%BA%E8%AA%8D。

13. Rose Sacktor, https://twitter.com/rosesacktor.

14. Yosef Lerner, https://twitter.com/yoseflerner.

15. TD Trust, https://www.tdcanadatrust.com/products-services/banking/index-banking.jsp.

16. 聯合利華飲食策劃官方網站：http://www.unileverfoodsolutions.tw/brands-products/brands/hellmanns。

17. Recepedia, http://www.recepedia.com/pais/geolocation.

18. Casa do Zezinho, http://www.casadozezinho.org.br/.

19. GAP Project Reindeer, http://www.thevoted.com/gap/projectreindeer/.

20. Geocaching, https://www.geocaching.com/play.

21. 〈背奶媽媽〉，Baidu 百科，https://baike.baidu.com/item/%E8%83%8C%E5%A5%B6%E5%A6%88%E5%A6%88。

22. Lars Vaular, https://en.wikipedia.org/wiki/Lars_Vaular.

23. Taxi Drivers' University, http://www.welovead.com/en/works/details/b92CjnrE, *welovead*.

24. "Adidas CEO: All our advertising now through digital media." https://www.cnbc.com/video/2017/03/15/adidas-ceo-all-our-advertising-now-through-digital-media.html, *CNBC*, March 15, 2017.

謝辭
Acknowledgments

本書是將 2014 年到 2018 年刊載於《Motive 商業洞察》、《米卡的行銷放肆》、《桑河數位部落格》這幾處的行銷專欄，由我跟米卡改寫而成的。雖然我們在網路上寫作已經超過十年，Pageviews 可能有幾千萬吧！但這仍是我的第一本書，除了寫些文字記錄之外，可能還要唱幾首歌！跳幾段舞！才能表現我的喜悅。

決定開始經營《Motive 商業洞察》，是因為其他四位股東：施俊宇（Mouse）、郭睿杰（Rick）、張文健（Calvin）、劉訓廷（小 P）前瞻性的投資，他們認為行銷產業的年輕人需要一些激勵，希望透過 Motive 來做到更廣泛的影響跟教育。我們只聊了一下下，就決定去做了！很可能，原本就擁有一些讀者群也有些衝擊性話題的我，加上思考邏輯清楚，原本就獲得業界廣大好評的米卡，是他們心中辦媒體的不二人選吧？

從當時的妻子雪莉畫出第一張 Logo 草圖開始，Motive 已邁入第五年，不管在經營或內容上都做了很多改變，我們今年還會開始製作線上影音的行銷課程。從每期僅四篇文章開始，陸續加入了眾多協作者們的協助才能讓內容越來越豐富。不過也因為資金燒了好幾年才略有獲利，曾經歷過一些矛盾掙扎。

然而不管路怎麼走，我們的初衷都未曾改變，一如站名 Motive，我覺得「動機」會決定我們即將到達的位置。幸好也如同我們所期待的，很多從事行銷工作的年輕人及品牌都開始反思，願意跟我們一起討論，甚至已經著手改變。

「廣告」這件事讓我紮實投入了二十年，也真的是一件很有趣的事。但當我明確的知道，廣告不只是搞搞創意、拍拍影片、做做設計，而是為了提昇銷售業績而存在著。廣告人還「必須」為了更好的銷售數據，為了拿到廣告獎，為了在比稿中獲勝，為了拿到預算，為了提高營業額……等等而無所不用其極。整件事情也就「不純然」的有趣了。

「創業」、「當老闆」、「做品牌」也是一件很有趣的事。但過了二十年之後我當然清楚，創業不只是把我們擅長的事情包裝起來然後銷售出去，而是包含了產銷人發財（至少）這五件事，而且長達一、二十年充滿著未知、挑戰、競爭、失眠、寂寞……，還默默影響了無數員工甚至更多人的未來。整件事情就「不得不」嚴肅起來。

我是台灣第一代的網路創業者，數位時代雜誌創刊號第三期的封面故事裡頭就有我，數位行銷崛起之後我變成數位廣告人，很多行業都跟著「數位化」這件事徹底翻盤！

無論在哪一個階段，經歷過什麼辛苦或失敗，除了我已逝的奶奶跟父親之外，還有幾位叔叔們、雪莉、眾前女友們、各位曾伴隨桑河的客人們跟同事們，我都想感謝。

「創業」跟「廣告」這兩件事曾讓我獲得無比的快樂，更持續讓我成長了二十年，所以此生應該可以無憾。而在我決定從習以為常的工作裡頭抽離（咳……嗯……我打算退休了）並進入下一個二十年時，能夠與米卡一起完成這本書，也的確深感榮幸。

Motive 商業洞察的協作夥伴們：林芳任、徐詩堯、Julia、Ada、江江、鮪魚、大師、蔡京津、徐瑜瑨、梁書華、穆薇、侯渝琪、楊惠宇、黃羿綾、高葦庭、周政池、陳睕、羅育慈、董葦琳、蘇柔瑋。很感謝你們！

桑河數位暨 Motive 商業洞察創辦人
許子謙 Johs（許叔叔）

大寫出版〈使用的書 In Action!〉書號 HA0087R

著　　　　者 ◎ 許子謙、米卡

插 圖 繪 畫 ◎ 陳玟均、楊湘祺

封底肖像攝影 ◎ 陳金熹

內 頁 照 片 ◎ 達志影像授權（第 30、31、41、93、213 頁）

行 銷 企 畫 ◎ 王綏晨、邱紹溢、陳詩婷、曾志傑、廖倚萱

大 寫 出 版 ◎ 鄭俊平

發 　 行 　 人 ◎ 蘇拾平

發　　　　行 ◎ 大雁文化事業股份有限公司

　　　　　　　台北市復興北路 333 號 11 樓之 4

　　　　　　　電話：（02）27182001

　　　　　　　傳真：（02）27181258

　　　　　　　大雁出版基地官網：www.andbooks.com.tw

二 版 一 刷 ◎ 2023 年 10 月

定　　　　價 ◎ 550 元

ISBN 978-626-7293-17-1

Printed in Taiwan · All Rights Reserved

用行銷改變世界
品牌力背後觸動人心的商業洞察（二版）

Business Insight of Marketing Campaigns

許子謙、米卡　合著

繁體中文版由大寫出版
大雁文化事業股份有限公司發行

Published by Briefing Press, a division of And Publishing Ltd.
All rights reserved.

國家圖書館出版品預行編目（CIP）資料

用行銷改變世界：品牌力背後觸動人心的商業洞察 /
許子謙、米卡 著｜二版｜臺北市：大寫出版社出版：
大雁文化事業股份有限公司發行，2023.10
228 面；19.5*19 公分 --
（使用的書 In Action!；HA0087R）
ISBN 978-626-7293-17-1（平裝）

1.CST: 品牌行銷　2.CST: 網路行銷
496　　　　　　　　　　　　　　　112014620